画法几何及工程制图习题集

（第四版）

王之煦　吴元骥 主编

浙江大学工程及计算机图学教研室编

ZHEJIANG UNIVERSITY PRESS
浙江大学出版社

图书在版编目（CIP）数据

画法几何及工程制图习题集 / 王之煦，吴元骥主编．—4版．—杭州：浙江大学出版社（2015.9重印）
ISBN 978-7-308-01785-5

Ⅰ．画… Ⅱ．①王…②吴… Ⅲ．①画法几何—高等学校—习题②工程制图—高等学校—习题
Ⅳ．TB23-44

中国版本图书馆CIP数据核字（2001）第089021号

画法几何及工程制图习题集（第四版）
王之煦 吴元骥 主编

责任编辑 杜希武
封面设计 刘依群
出版发行 浙江大学出版社
（杭州市天目山路148号 邮政编码310007）
（网址：http://www.zjupress.com）
排 版 杭州中大图文设计有限公司
印 刷 德清县第二印刷厂
开 本 787mm×1092mm 1/16
印 张 8
字 数 211千
版 印 次 2011年1月第4版 2015年9月第27次印刷
书 号 ISBN 978-7-308-01785-5
定 价 19.00元

浙江大学出版社发行部联系方式：0571—88925591；http://zjdxcbs.tmall.com

修订前言

《画法几何及工程制图习题集》第二版 1988 年出版以来，承兄弟院校、有关单位和广大读者的支持和采用，已先后印刷了 8 次。现为了配合《画法几何及工程制图》第三版的新内容，亦进行了全面的修订。同时我们还征求和收集了教与学多方面的意见和要求，归纳主要为：

1. 应进一步与《画法几何及工程制图》第三版教材全面配套。

2. 习题的难易程度应由浅入深，便于学生学习和掌握。

3. 在有限学时内，要既能体现出本课程基本要求，又能满足老师对同学的因材施教，并且有一定深度和广度，使有选择余地，以便适合不同专业选用。

为此，现作如下修订：

1. 增加和改进制图基本练习形式和内容。

2. 调整立体及其表面交线、组合体视图、机械图样的画法等各章作业难易程度，使能体现循序渐进。

3. 将标准件和常用件的习题更新了形式，充实了内容。

4. 零件图和装配图亦调整了部分作业的内容。

5. 增加了焊接图习题，以适应某些专业的需要。

6. 扩充计算机绘图作业，以满足上机操作的要求。为了提高学生上机实验，备有计算机绘图演示性实验软件——零件图的图形输出、交互式计算机绘图。

参加这次编写和修订的有(以章节先后为序)王之煦、吴元骥、尤绍权、施岳定和卓守鹏。本书由王之煦、吴元骥主编。

本习题集虽又经修订，但限于我们水平，还会存在一些问题和缺点，竭诚希望兄弟院校师生、广大读者提出批评和改进意见。

编　者

前　言

《画法几何及工程制图习题集》与本室所编适用于非机械非土建类专业的《画法几何及工程制图》教材配合使用。

本习题集特点如下：

1. 采用了1984年发布的国家标准《机械制图》及其他有关新标准。

2. 虽然非机械非土建类专业制图课学时较少，但本习题集还是重视了基本知识和基本理论，保证了投影基础的练习和制图技能的训练。

3. 各章习题均以培养学生能力为目的，由浅入深，逐步提高，习题数量适中，内容紧凑。

4. 本习题集的编排顺序与教材基本相同，通过教材的各章复习思考问题，有机地与本习题集相联系，并通过本习题集的作业，巩固和加强了教材的学习内容。

参加本习题集编写的有：王之煦、吴元骥、尤绍权、翁琴美、许喜华、卓守鹏。由王之煦、吴元骥主编，插图润饰许喜华，描绘金水棠等。

本习题集由张镇平副教授审稿。

由于编者水平有限，不妥之处在所难免，欢迎读者批评指正。

浙江大学工程制图教研室

1986年1月

目　录

长仿宋体书写练习。

工程制图中常用字例:上下长为垂乙飞承无互主高
离率毫人伞合余舍以亿代件任似何但作体使侧保便
俯倒允光克公分其关内同周冲冷准减凸凹切则制刨
刮剖力加功动台支升半平卡厂压厘原叉反双发部防
附降垫在型场均壳号只虽右吨啮喷器向回围国图圆
圈处各条备外名大头夹孔字定密塞对导将射小尺尽
局层展属铁铅左市应床序底废度座弓引弹行径得门
间闸阀式形节兰花范蓝边过运这进速通造透道心必
总性成截肩房扁手打技扶抛抗护拉挂挖换描控接摆

班级　　　　姓名

长仿宋体书写练习。

摇擦斜效数斤方旁旋日是最时明普臂肋期能木束架
查梁棘本未术机材杆杠构标板松枪柄相柏柱格校栓
械检椎棉椭模橡止正母毛毡民气氟氢氧氯火热然灯
炉焊烯爪受状环球理水求油沿法注活海流涂混淬滑
溜漆漏视规则购质车轨轮转轴输用电盖盘直石泵码
砂硬和称产端笔符第等筑管箱簧米料粉精索紧絷红
丝约纹级纸线绳缓缝缸差耐聚自至螺蜗表裂装要变
须频计记许设调起超越距跳身配里重量金钉钝钢钳
钻铜铝铣铬铸销链锅锌锐锡键锻镀镜零青齿摩磨黑

班级 姓名

字母及数字书写练习。

ABCDEFGHIJKLMNOPQRSTUVWXYZ

abcdefghijklmnopqrstuvwxyz

0123456789

0123456789

I II III IV V VI VII VIII IX X

班级		姓名	

线型练习：抄画图形，尺寸比例1：1

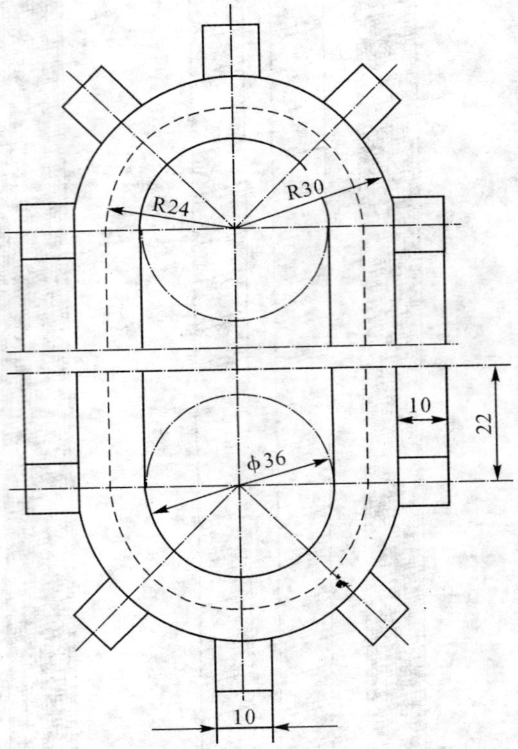

班级		姓名	

尺寸标注练习：填注下列图形中的尺寸，数字从图中量(取整数)

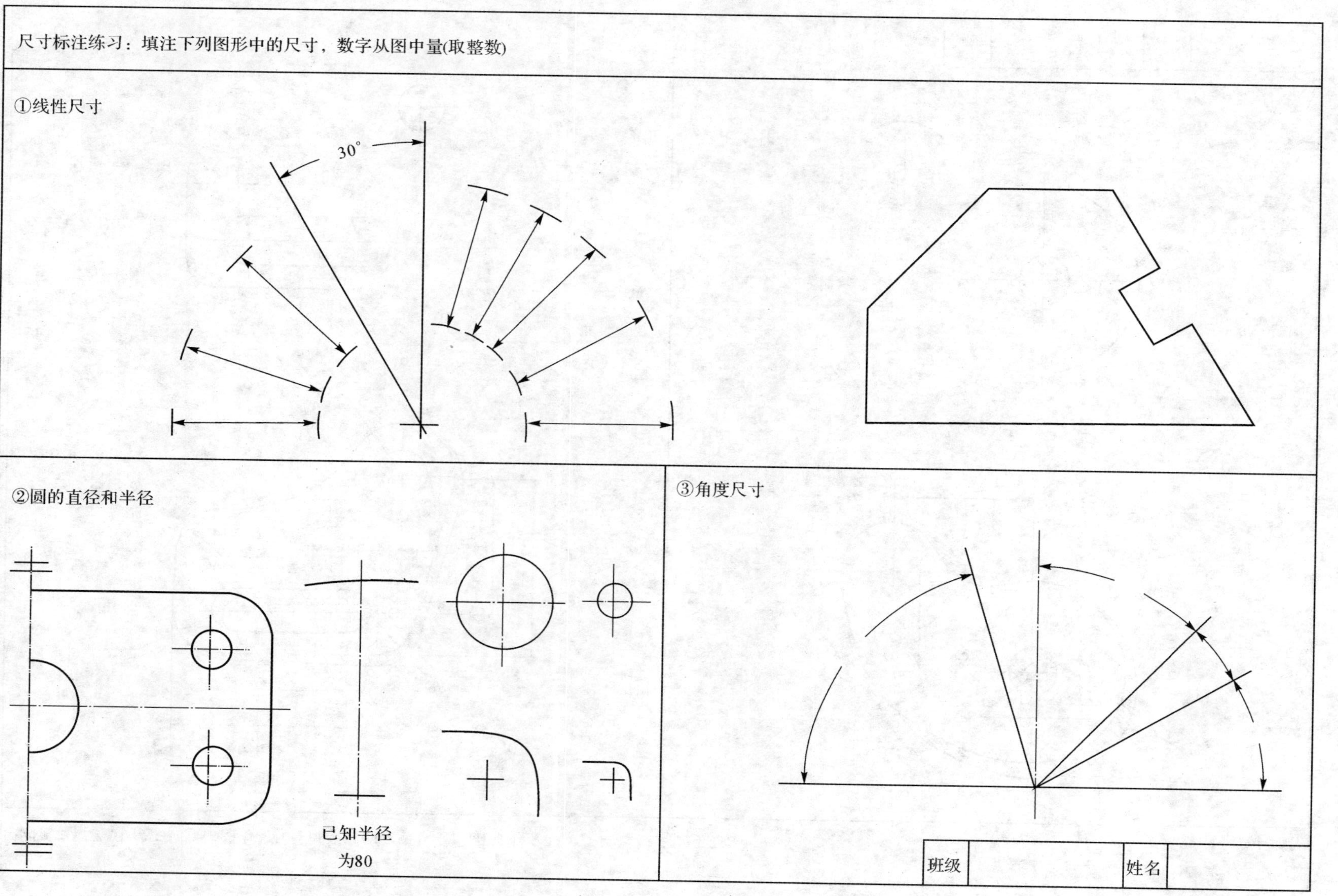

圆弧连续练习(按下列立体图中的尺寸画全图的轮廓，不标注尺寸)。

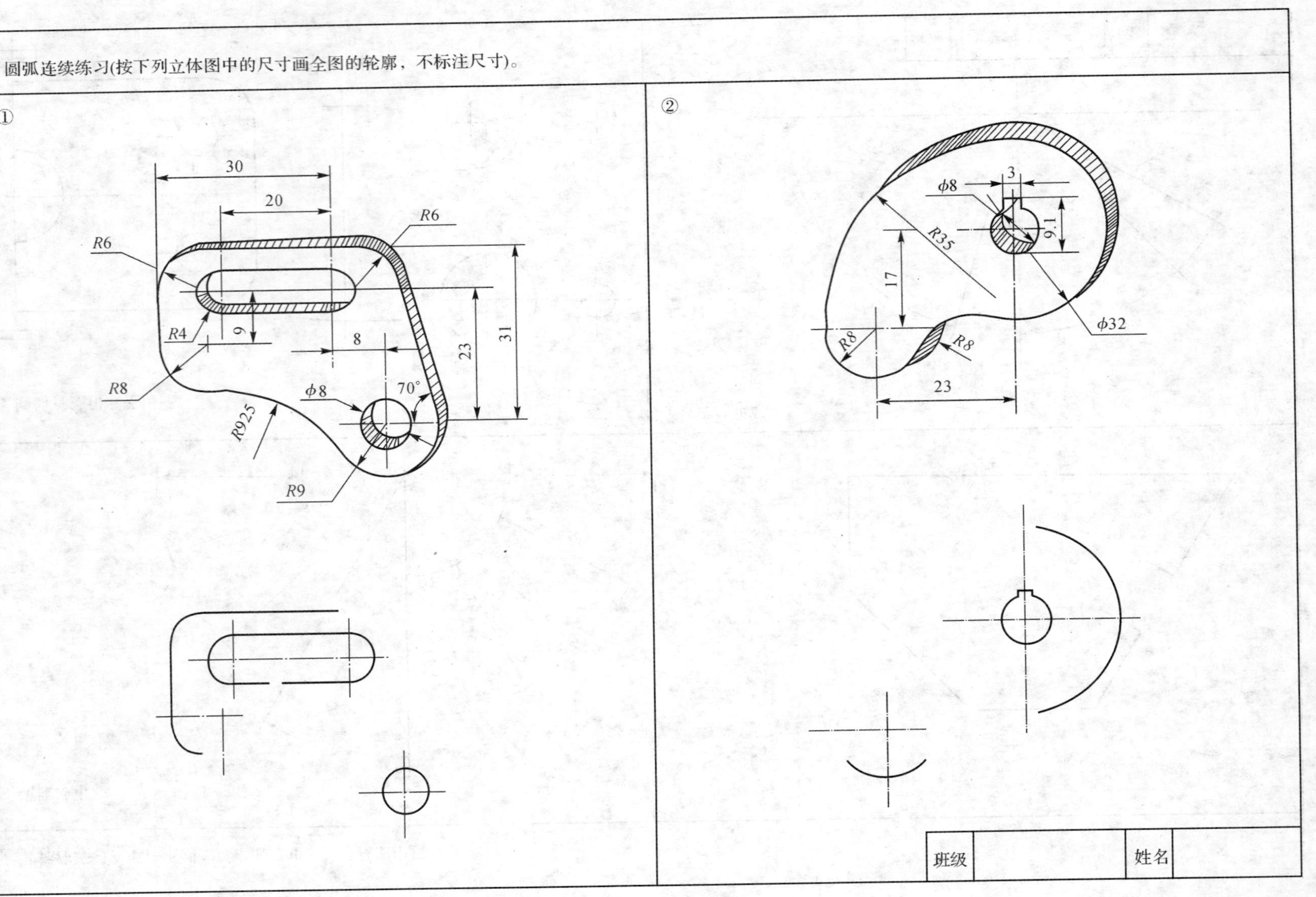

根据图上所给尺寸，按比例1:1画出图形并标注尺寸(用A3绘图纸)。

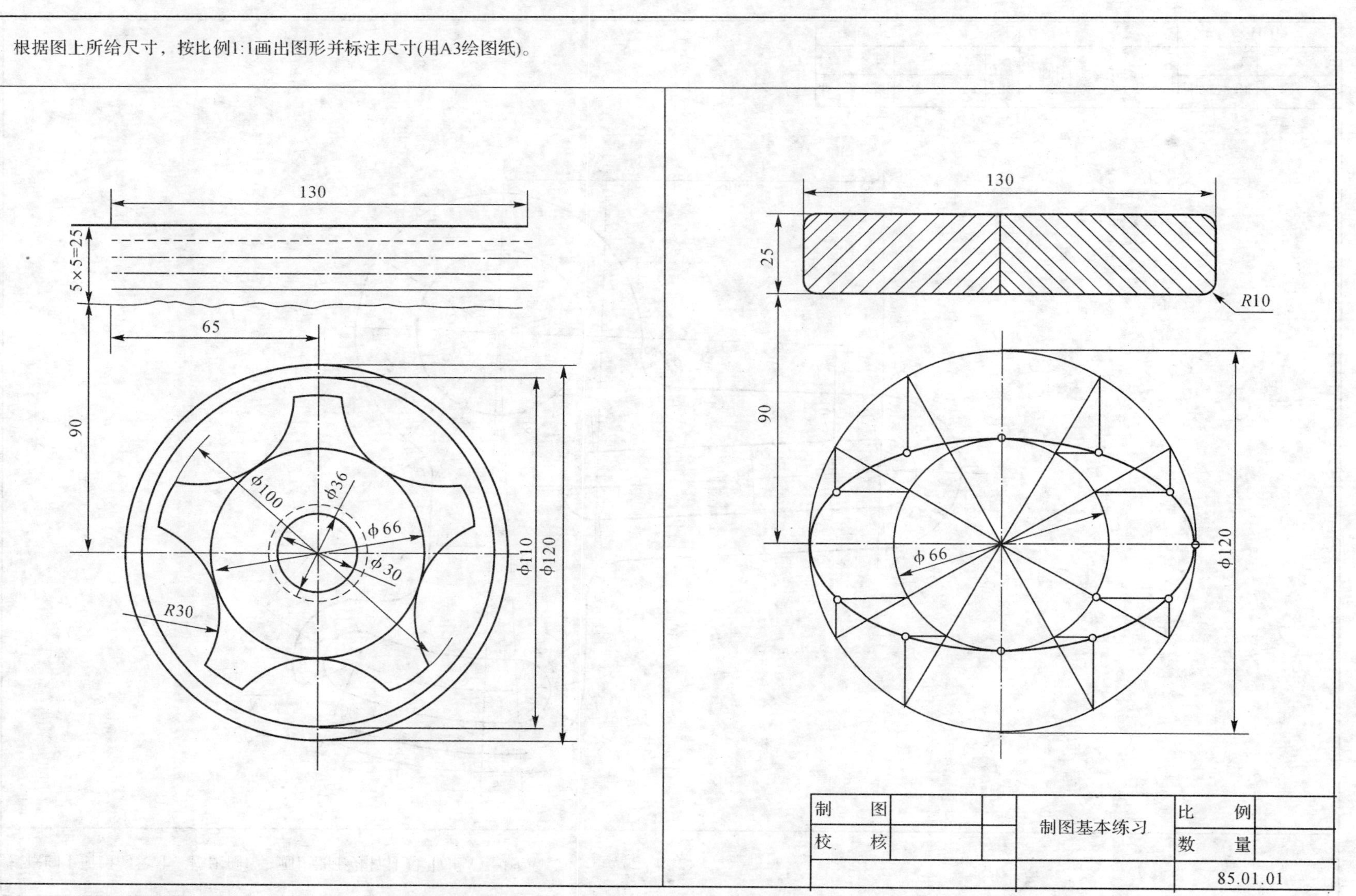

制　图			制图基本练习	比　例	
校　核				数　量	
				85.01.01	

根据图上所给的尺寸，按比例1：1画出图形并标注尺寸(用A3绘图纸)。

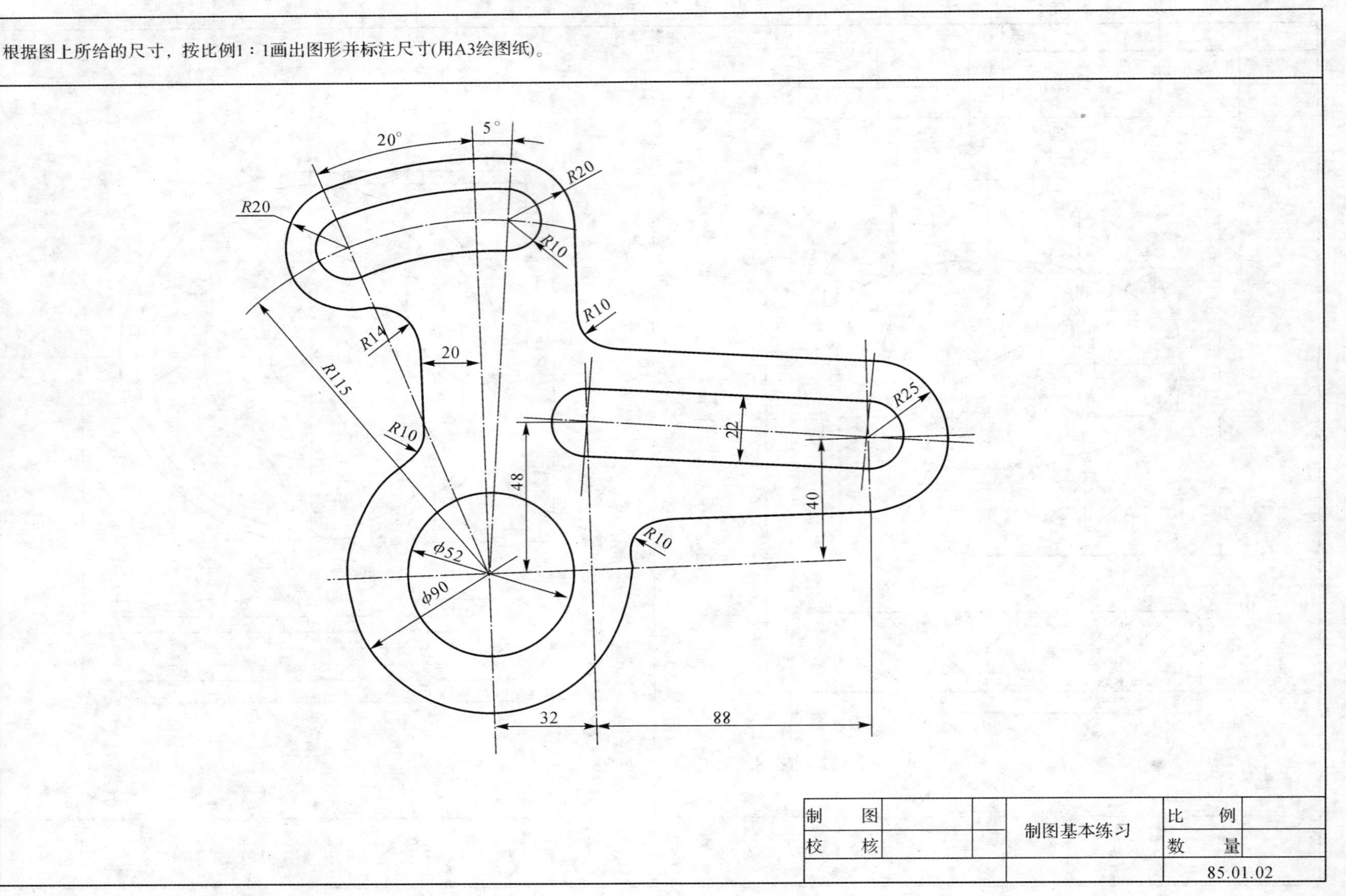

制　图			制图基本练习	比　例	
校　核				数　量	
				85.01.02	

1.已知空间点A、B、C，试作出它们的三面投影图。

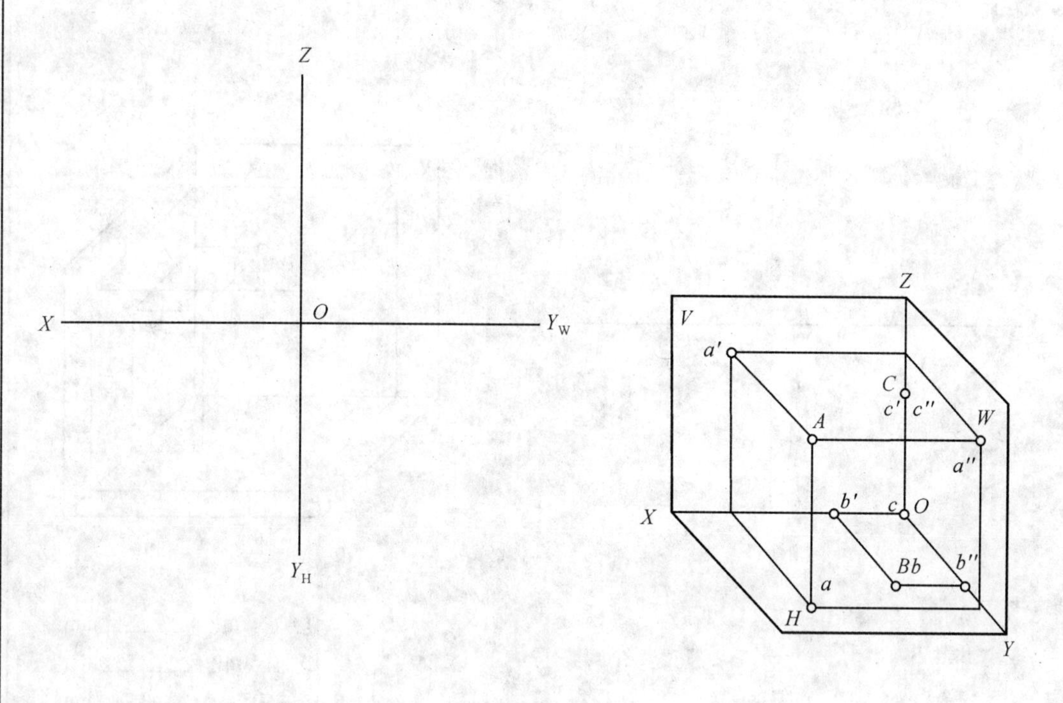

2.已知点D、E、F的三面投影图，试作出三面体系中空间各点。

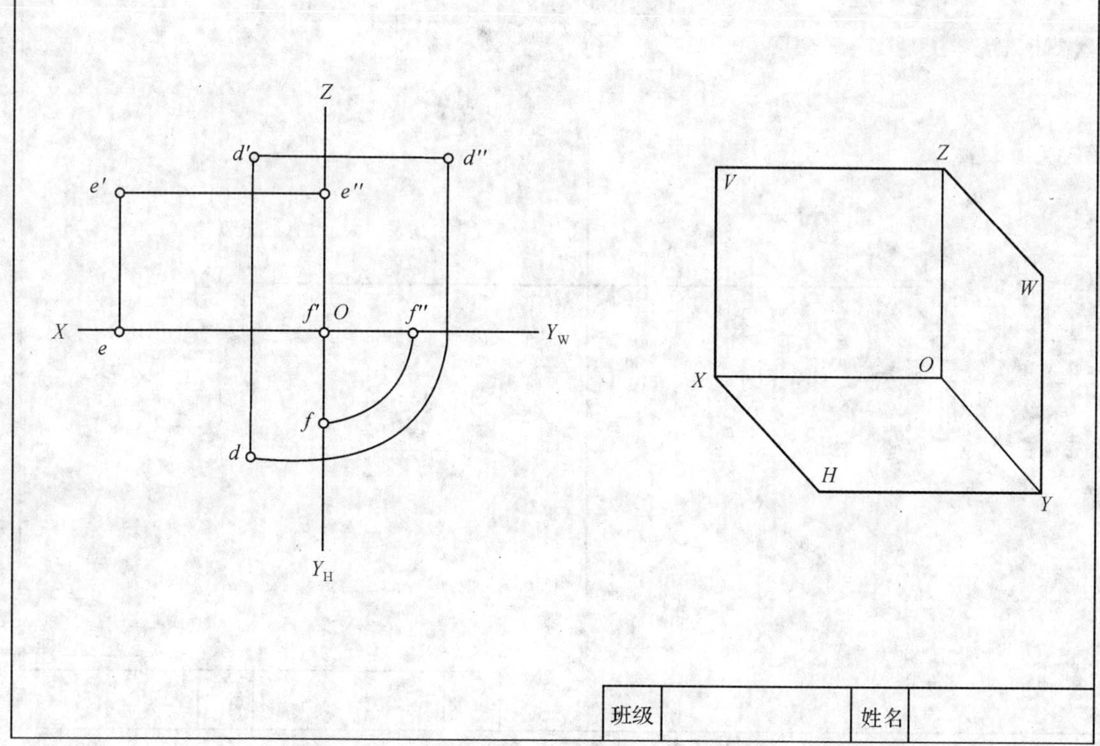

班级		姓名	

1.已知空间点A、B，试作它们的三面投影图，并写出点A和点B的相对位置。

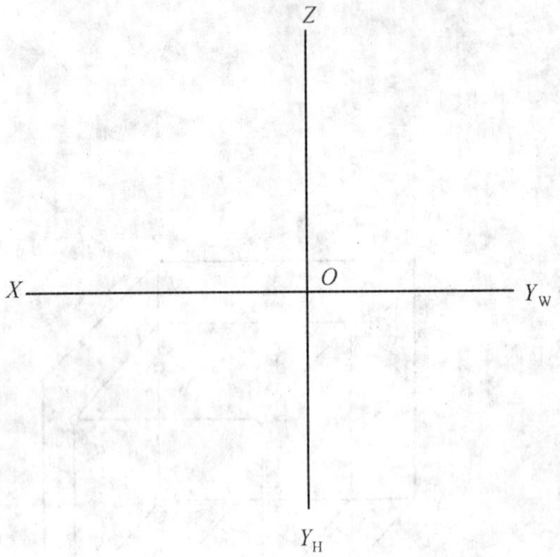

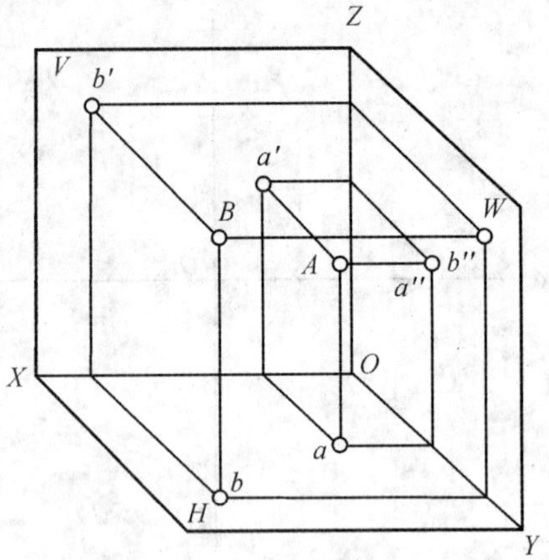

距H面：B比A ________ mm

距V面：B比A ________ mm

距W面：B比A ________ mm

2.已知点A、B、C、D的坐标为A（23，24，30），B(16,40,6),C(7,6,6),D(42,6,6),试作出其投影图，并将它们的同面投影连接，它表示了什么立体？

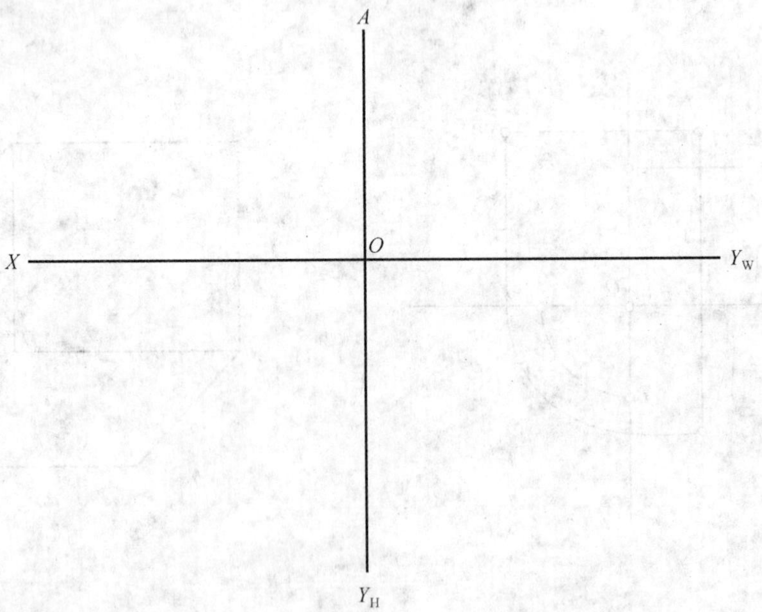

是________体

班级		姓名	

1.已知空间点A、B、C的两个投影，试作出其第三投影。

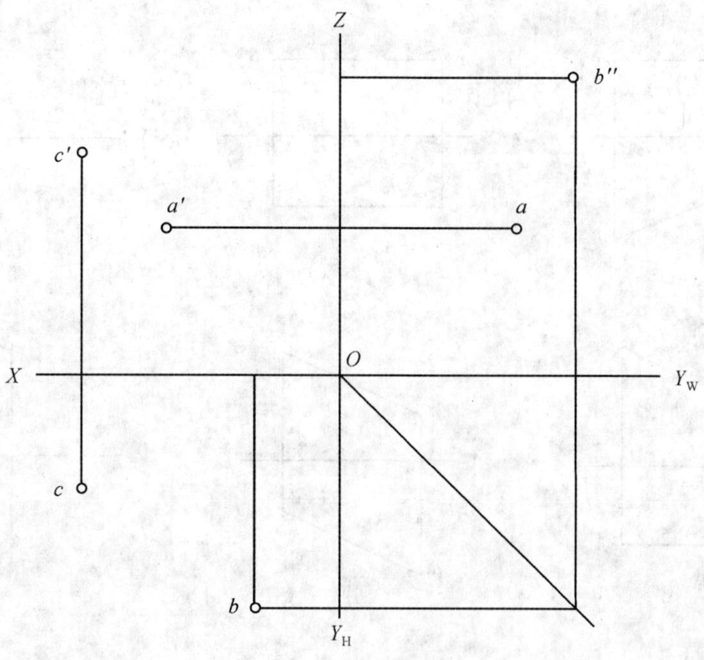

2.已知点B在点A的左边20mm,在点A前方10mm,比点A高15mm,试作出点B的三面投影图。

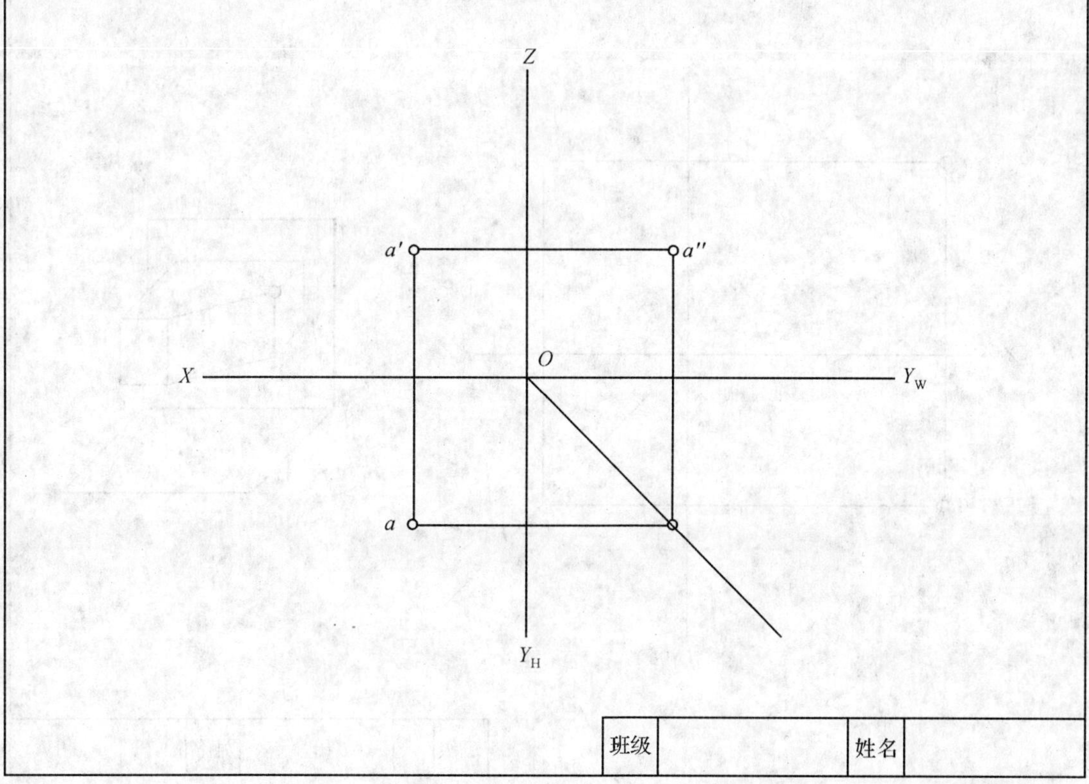

班级		姓名	

1.试判别下列 直线与投影面处于什么位置(写出直线位置名称)。

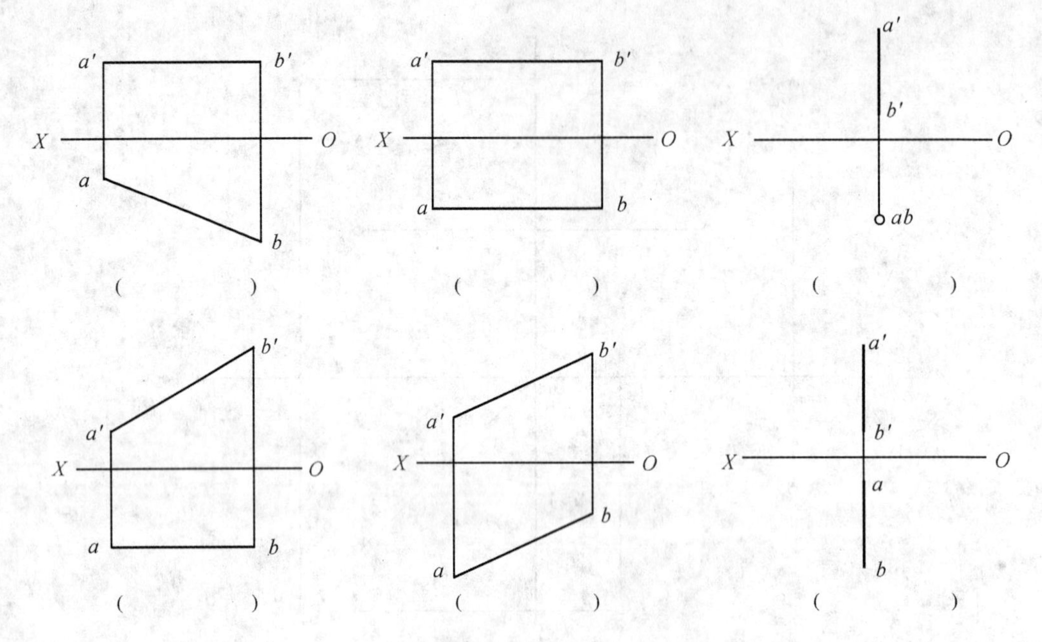

2. 过已知点 A 作直线 $AB//H$，且 $\beta=30°$，实长为 30mm, 再过点 A 作直线 AC，使 AC 垂直 H，实长为 20mm, 作出两直线的投影。

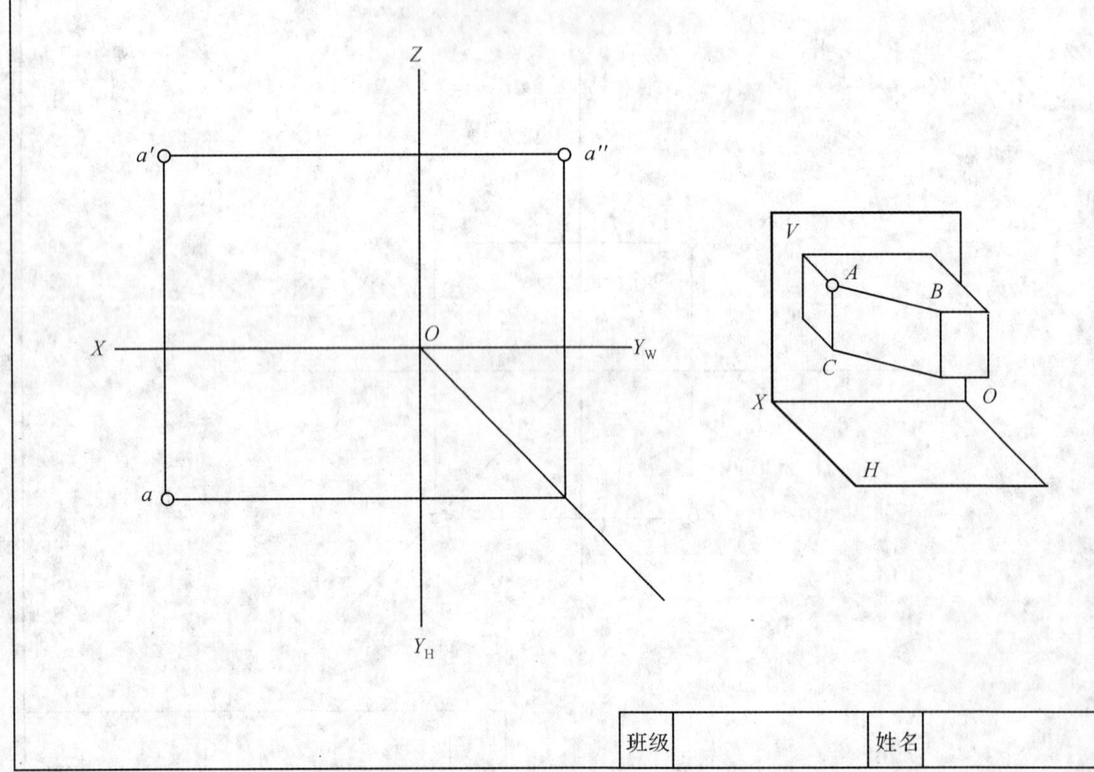

班级		姓名	

1.已知点B距H面为30mm,试作出直线AB的三面投影

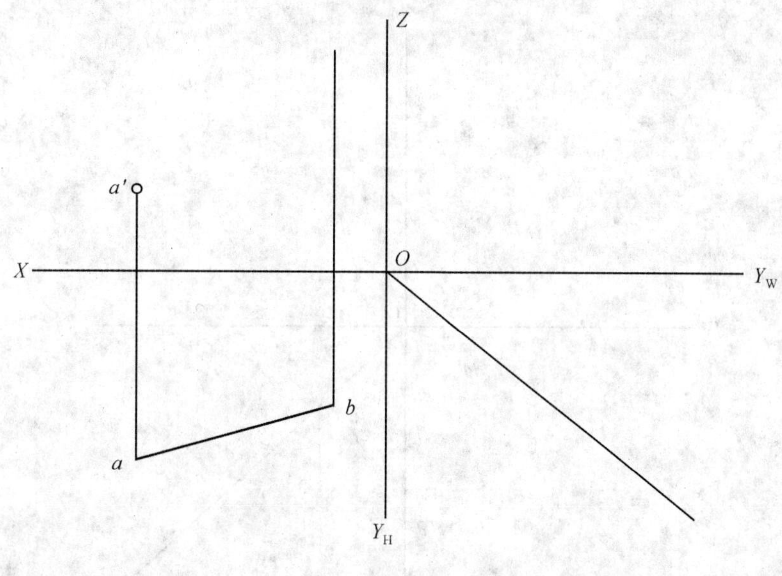

2.过点D作一正平线AB，使端点A位于H面上，直线AB与H面的倾角为30，线段实长为50mm,在直线AB上再取一点C，使AC:CB=2:1。

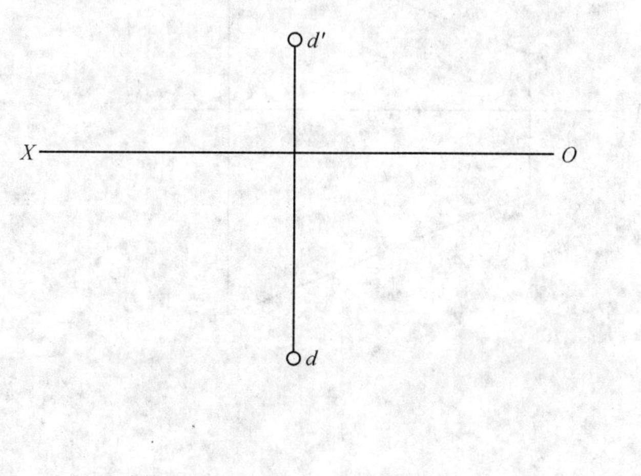

班级		姓名	

1.已知点$A(36,28,10)$和$B(5，10，35)$，试作出直线AB的三面投影，并再在线上取一点C，使之与V面相距18mm,再取点D，使之与V、H面距离相等。

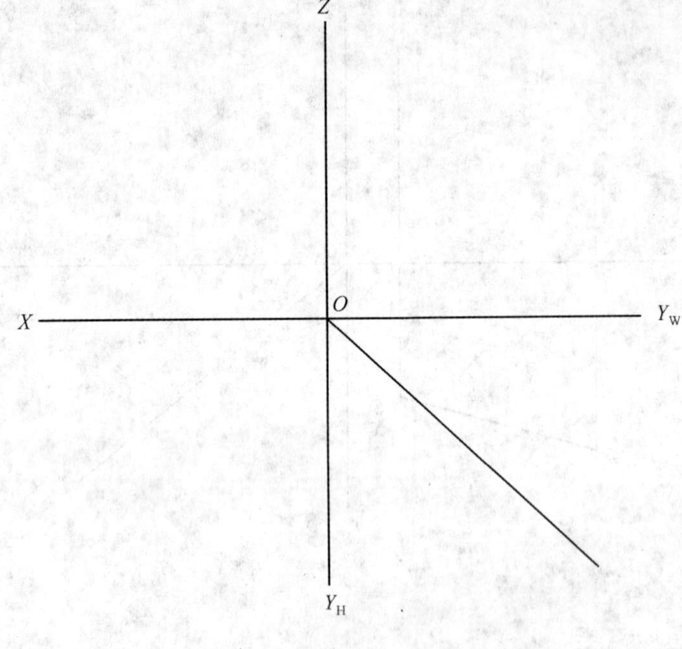

2.试求直线AB的实长和它与V面的倾角β

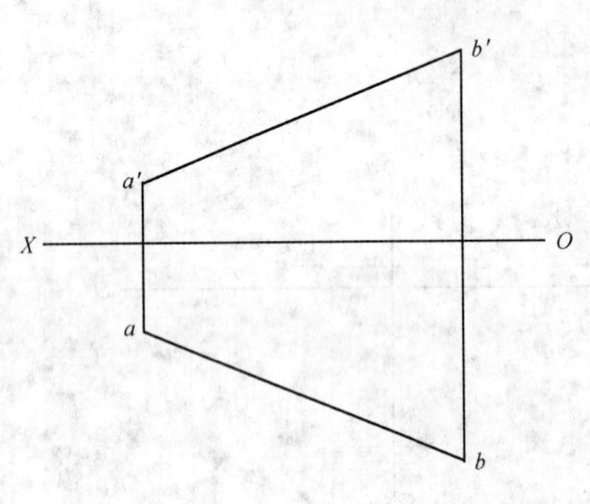

实长= ________ mm。

β = ________。

班级		姓名	

1.在直线AB上作一点C，使AC=21mm。①点C将直线AB分成怎样的比例；②点C距H面、V面各为多少mm。

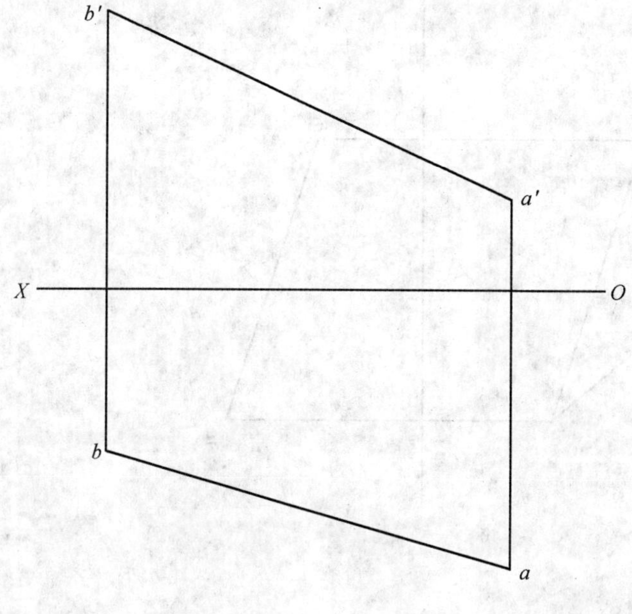

①AC:CB=______；

②点C到H______ mm;

点C的V面 ______ mm。

2.已知直线的一个投影，作出另一投影，AB实在长为40mm,CD对H面的倾角 α=30。

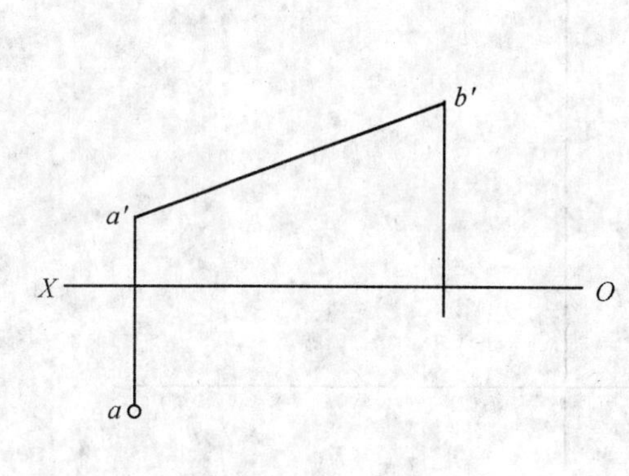

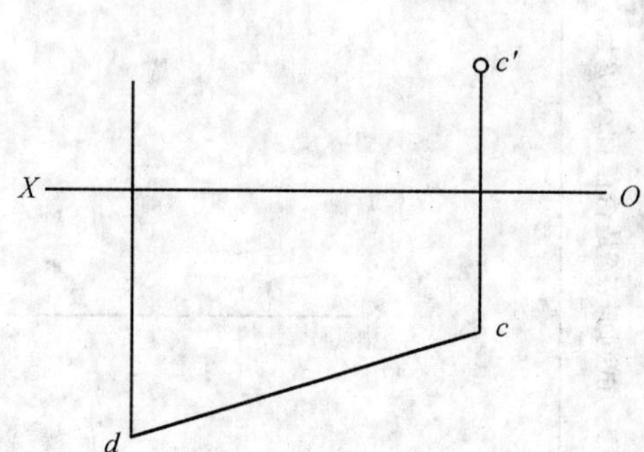

班级		姓名	

1.已知侧平线AB及点C的投影，试判别点C是否在直线AB上。

2.已知两直线AB、AC长度相等，试作AC的水平投影

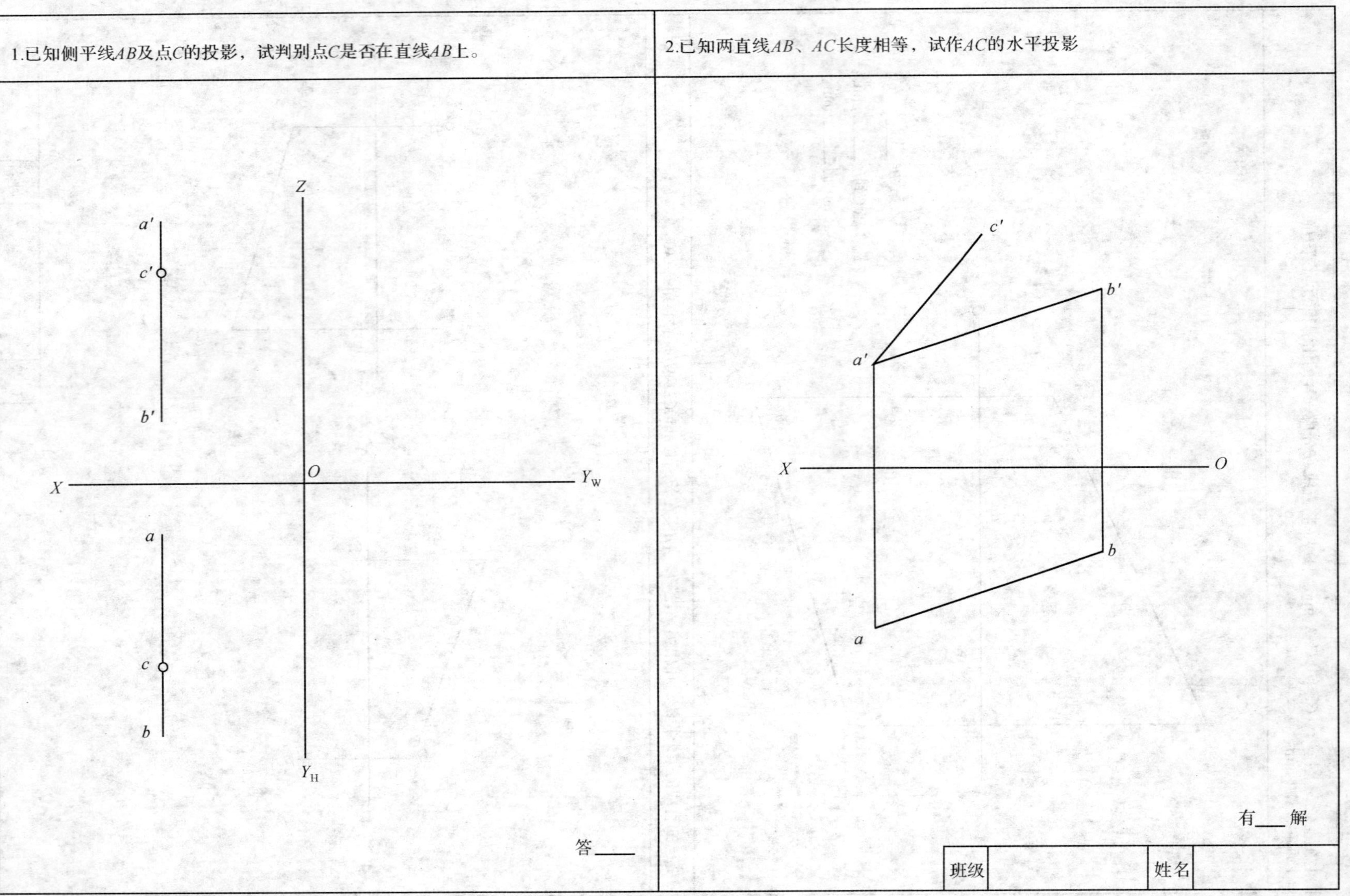

1.写出下列两直线的相对位置(相交、平行、垂直相交、交叉等)。

2.已知直线AB与CD平行，试求CD的水平投影。

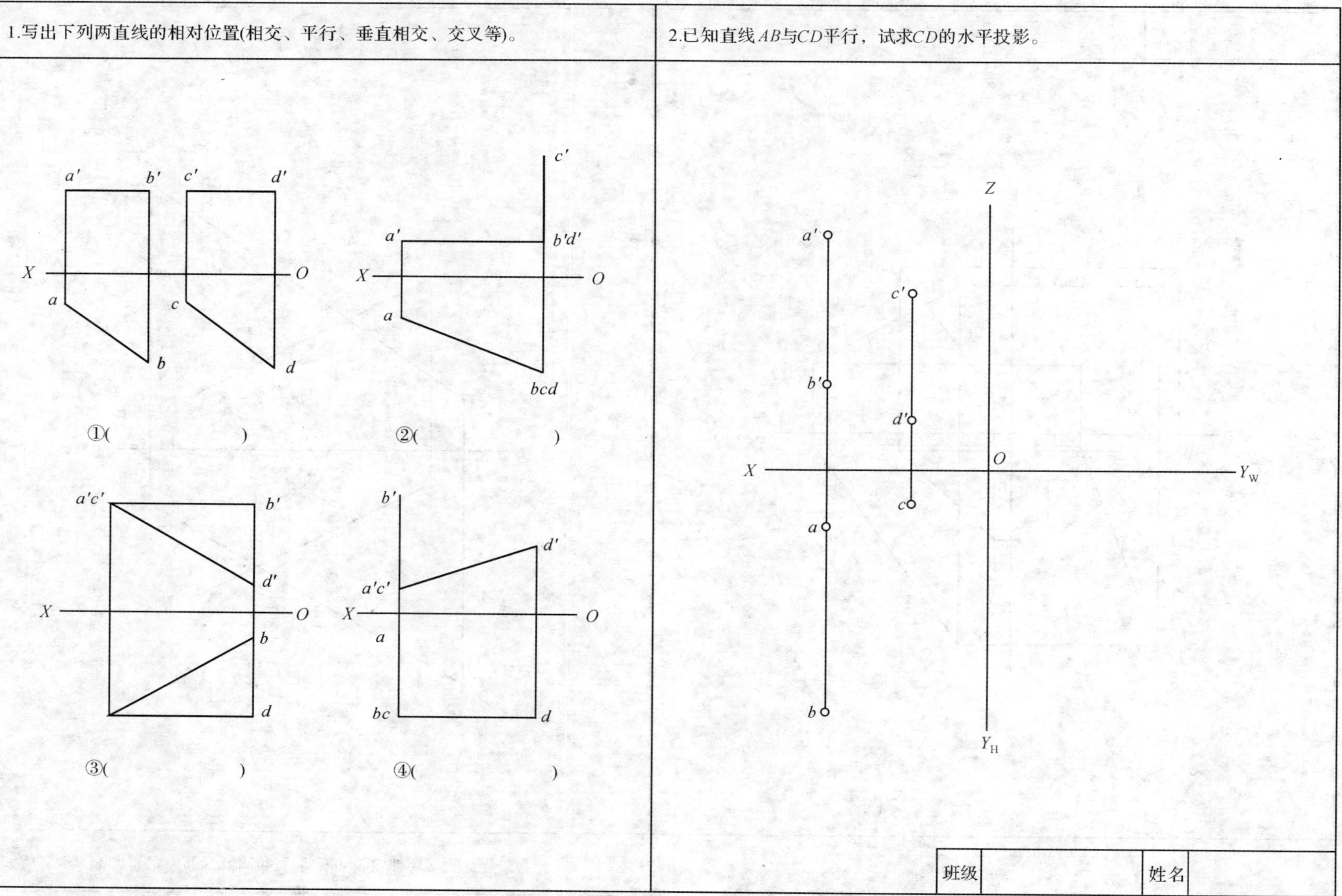

试在交叉直线的重影点处，判别可见性(各个投影面上分别写上符号)

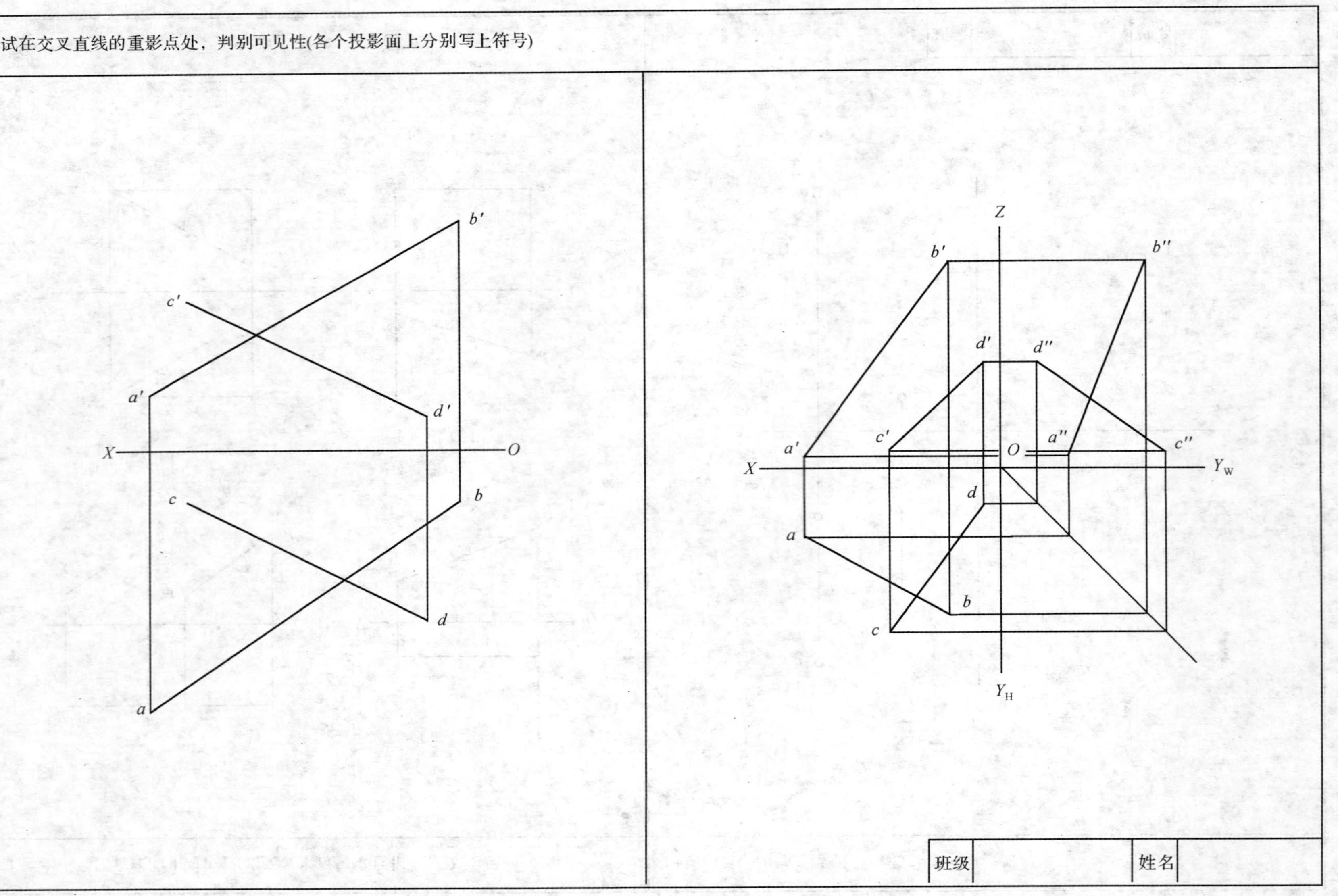

班级　　　　姓名

1.用一平行于地面的管子EF来接通已设的两交叉管道AB和CD，EF粒地面距离为20mm

2.试求A点到BC直接的最短距离(BC为水平线)

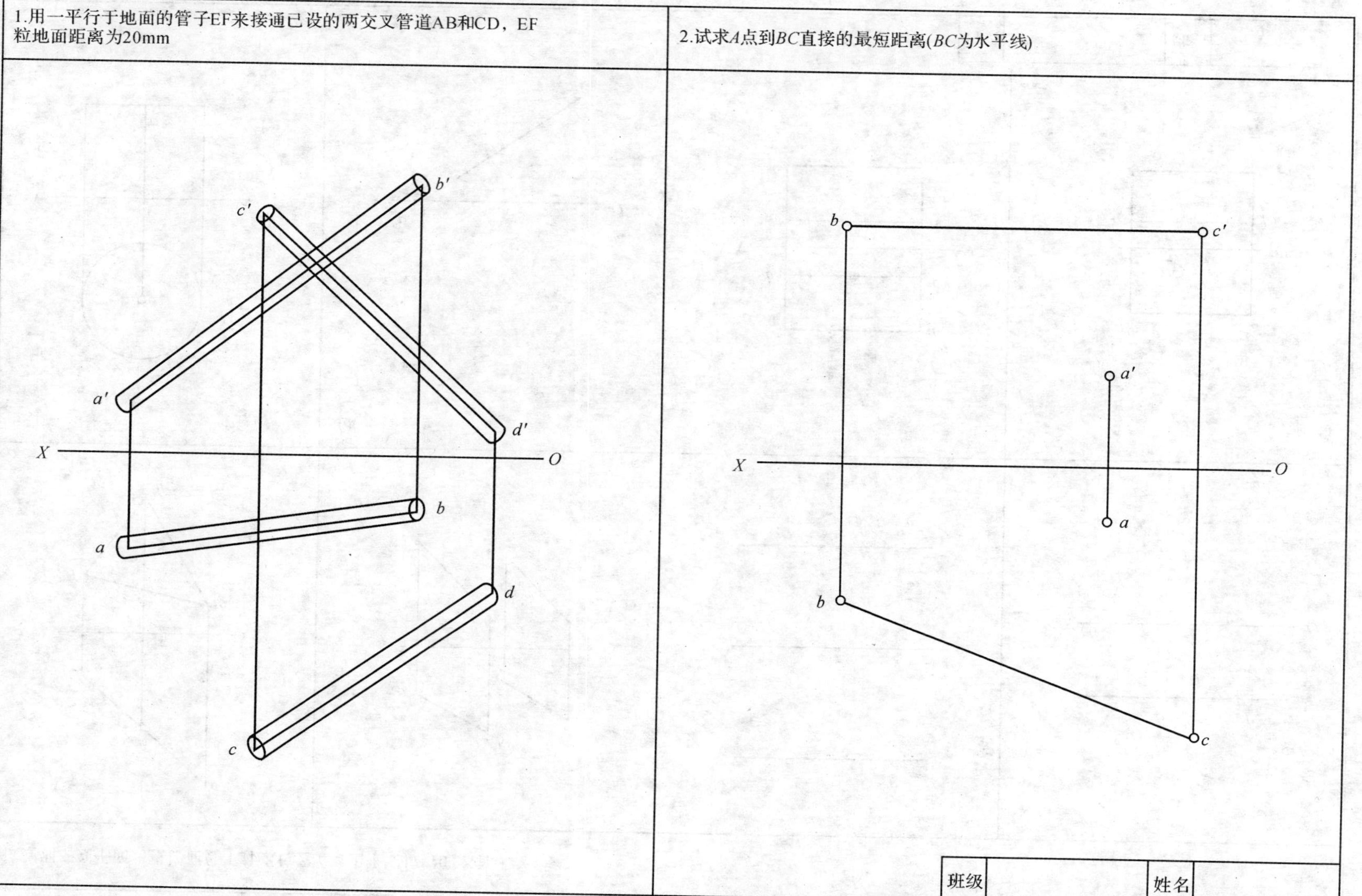

试判别下列平面与投影面处于什么位置(写出平面位置的名称)。

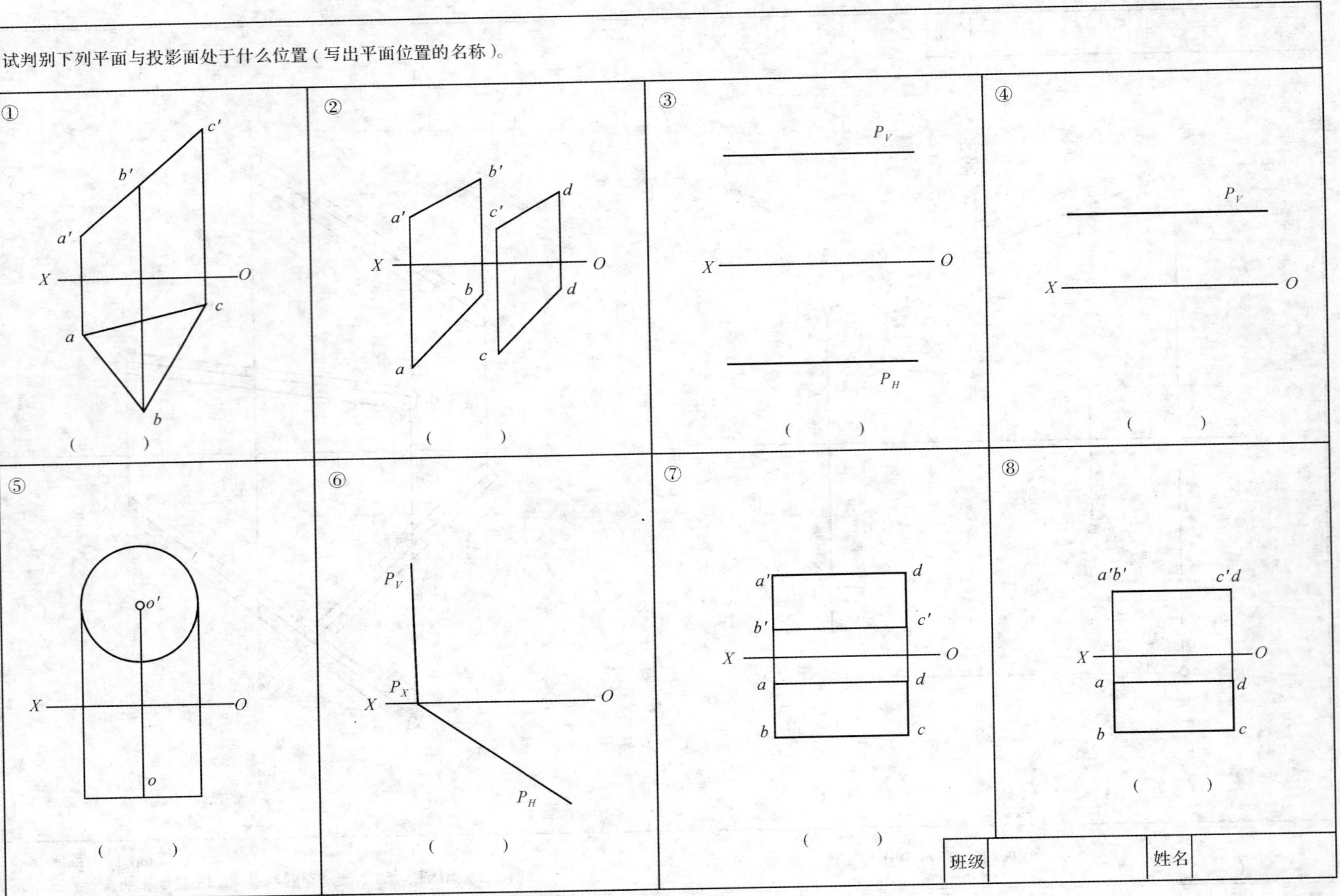

试在已知平面上作特殊位置直线（注出直线的符号）。

①求作水平线*EF*距*H*面15mm。

②求作正平AB距V面15mm；正垂线CD距H面10mm。(线段长度自定)

③求作侧平线AB距W面15mm。(线段长度自定)

④求作正平线*EF*距*V*面14mm

⑤求作水平线AE,其β=60°

⑥求作正平线距*V*面16mm。

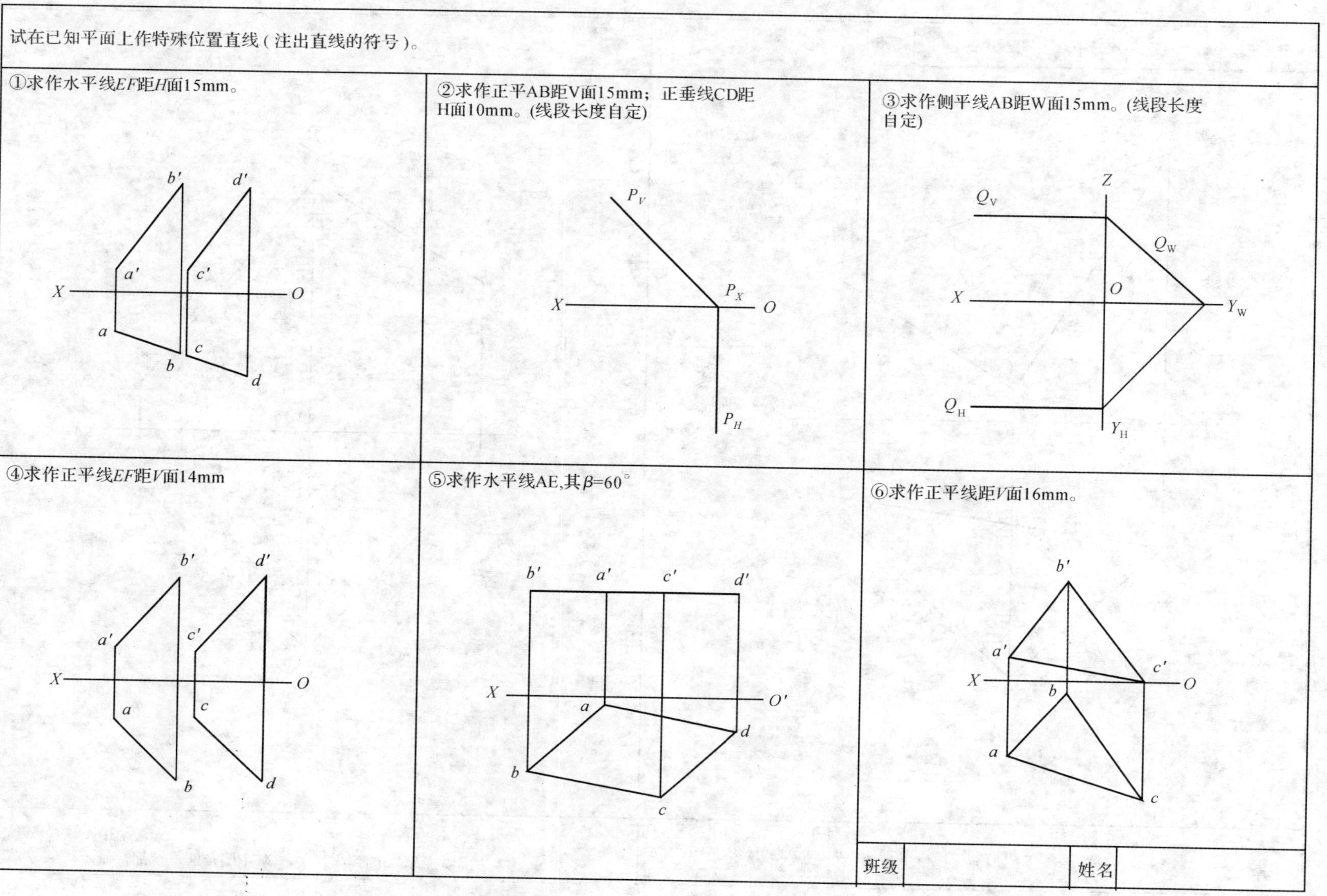

1.试在两相交直线所决定的平面上取一点D，并使其与H面相距25mm,与V面相距30mm

2.试在ΔABC上确定与V面、H面等距离点的轨迹。

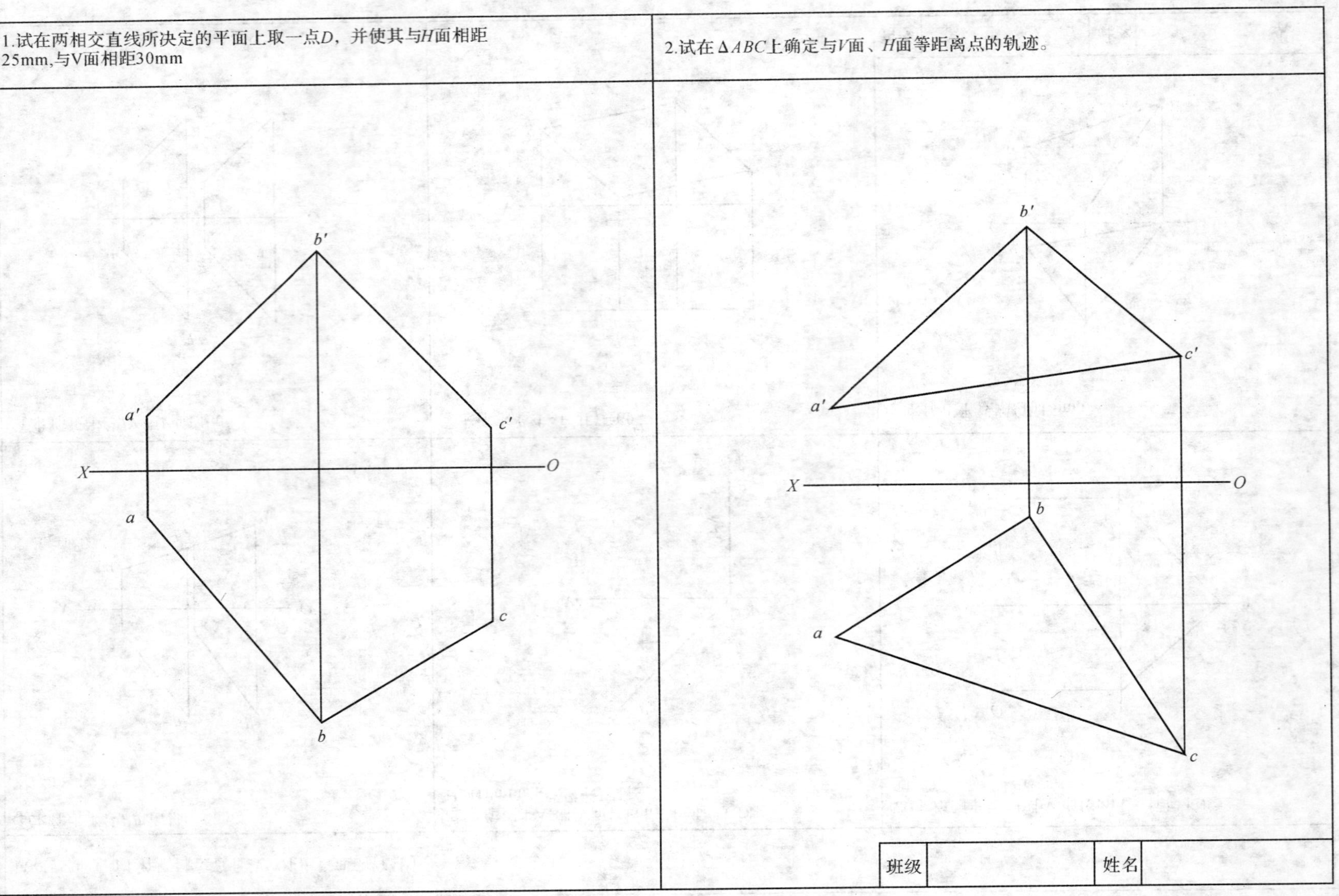

1.试完成平面五边形的水平投影

2.已知平面P的正面投影和水平投影，试作出其侧面投影，并作出该平面上K点的其余两投影

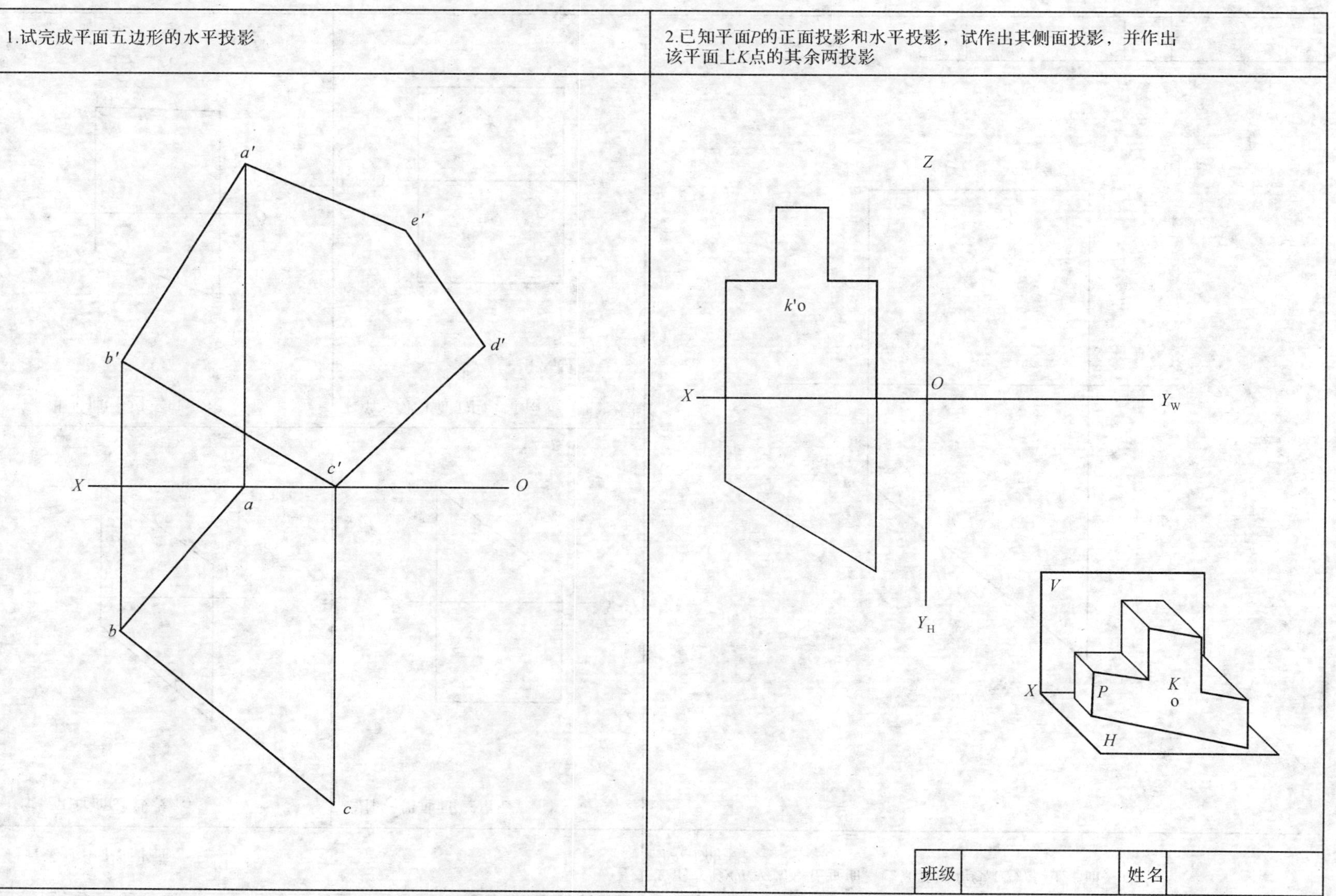

班级		姓名	

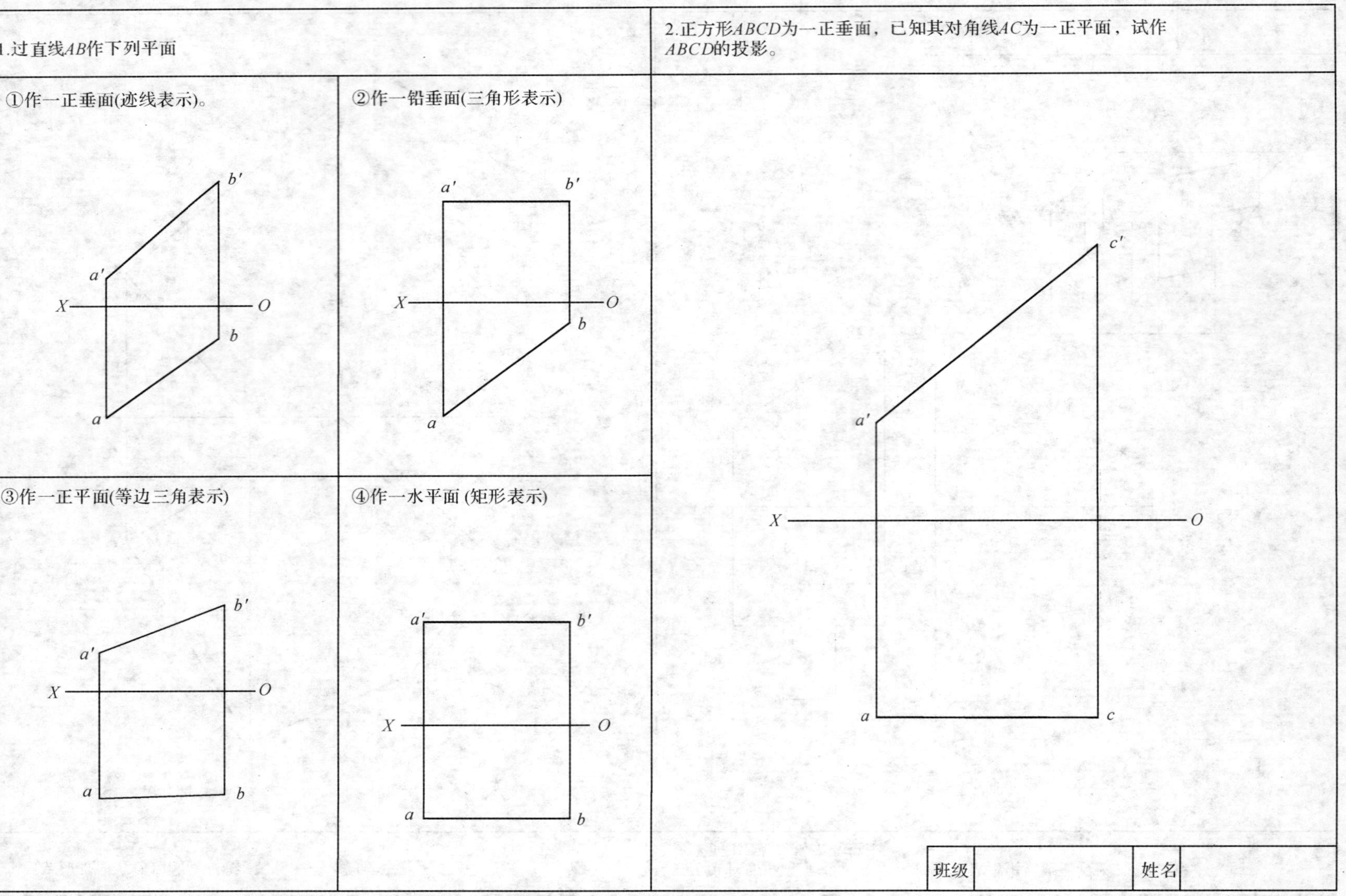
1.过直线AB作下列平面
①作一正垂面(迹线表示)。
②作一铅垂面(三角形表示)
③作一正平面(等边三角表示)
④作一水平面 (矩形表示)
2.正方形ABCD为一正垂面，已知其对角线AC为一正平面，试作ABCD的投影。
a′
b′
a
b
c′
c
X
O
班级
姓名

试作平面投影

①作一正方形边长20mm，使其垂直于V面，它与H面的倾角α=30°

②作一等边三角形，高为16mm，且垂直与V面，α=45°，此平面与Y轴的垂直距离为18mm。

③过AB作一侧垂面P(用迹线表示)。

④作一直径为25mm的圆，使其平行于V面，且距V面为13mm,圆心O距离H面14mm。

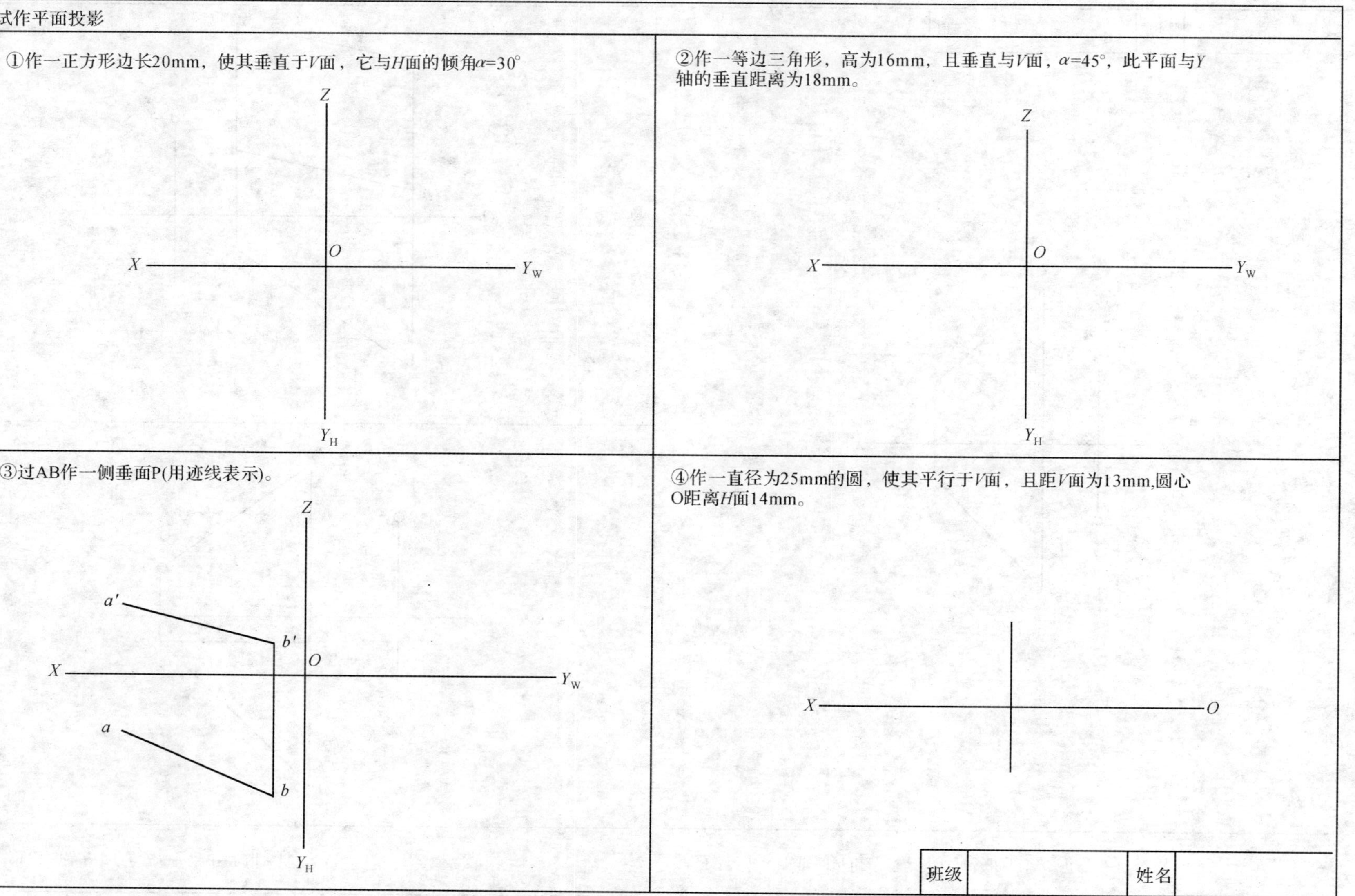

1.过已知点E作直线EF平行于已知平面

2.试过点A作一正垂面P(用迹线表示)与已知直线BC平行

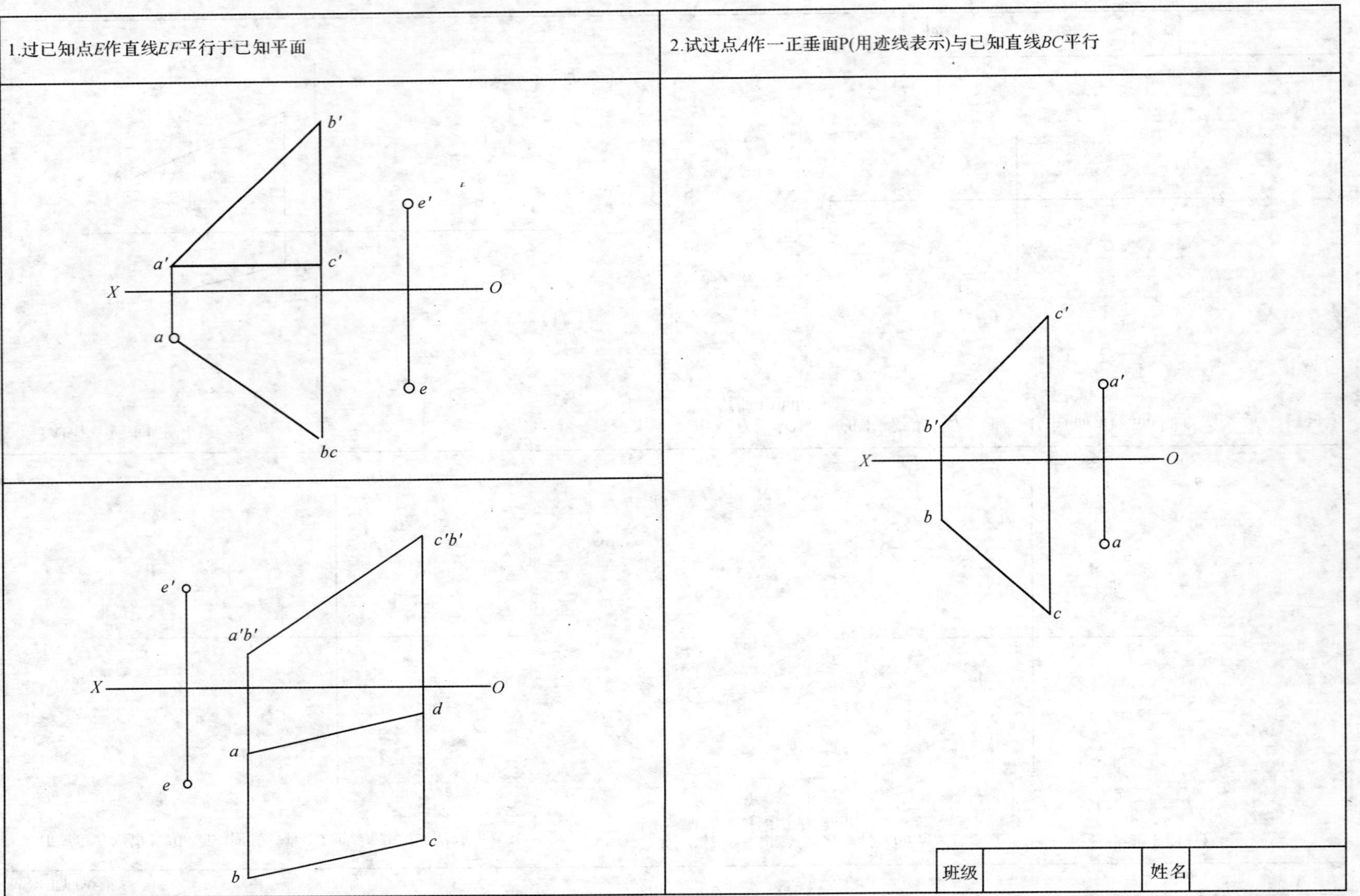

班级		姓名	

1. 试过点 E 作一迸线平面 α 与铅垂面 $ABCD$ 平行

2. 试过点 O 为圆心，作一直径为 30mm 的平面圆与形 L 垂直平面。

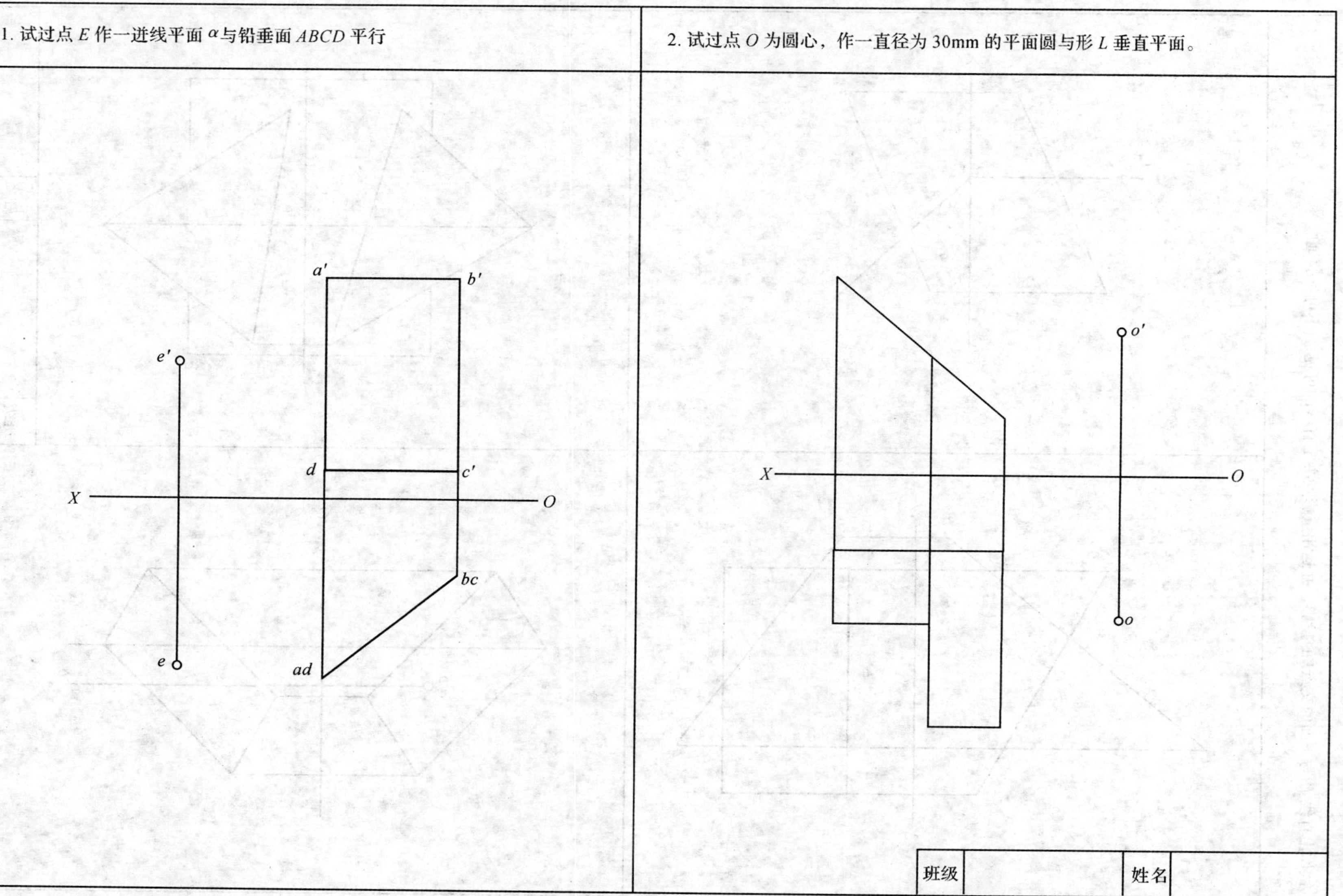

班级　　　姓名

试作出直线AB与平面的交点K的投影，并运用重影点决定直线的可见性(不可见的画虚线)。

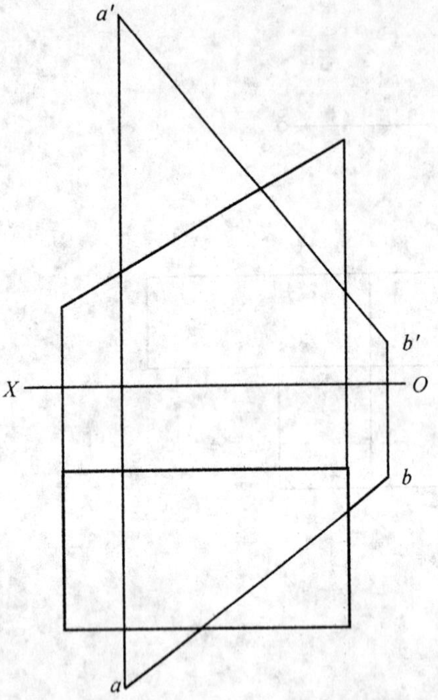

a' b' X O b a

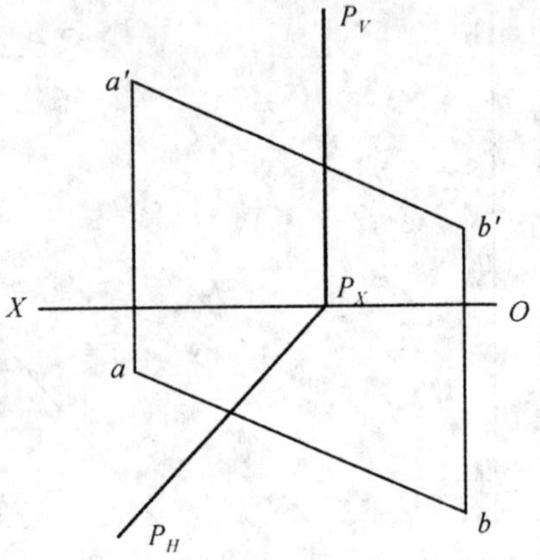

P_V a' b' P_X X O a b P_H

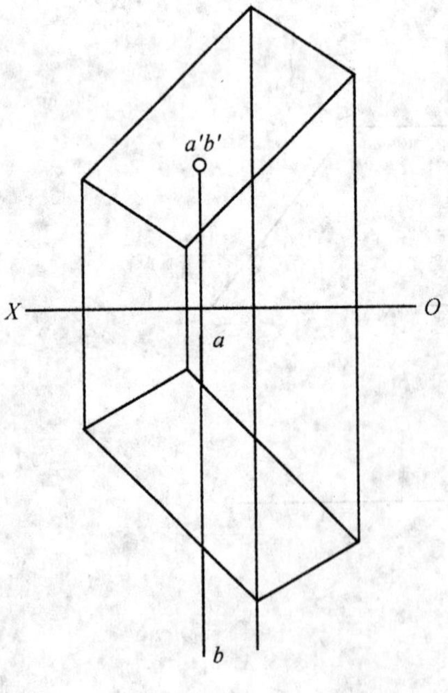

$a'b'$ X O a b

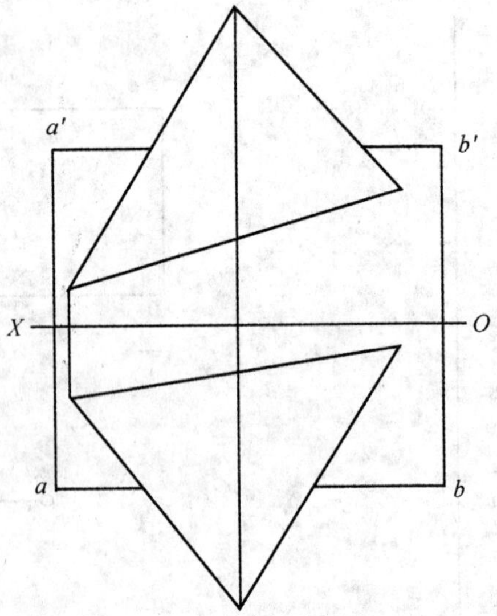

a' b' X O a b

班级		姓名	

1.作平面ABC与平面DEFG的交线，并判别可见性(不可见的画虚线)。

2.作ΔABC和四边形DEFG的交线，并判别可见性(不可见的画虚线)。

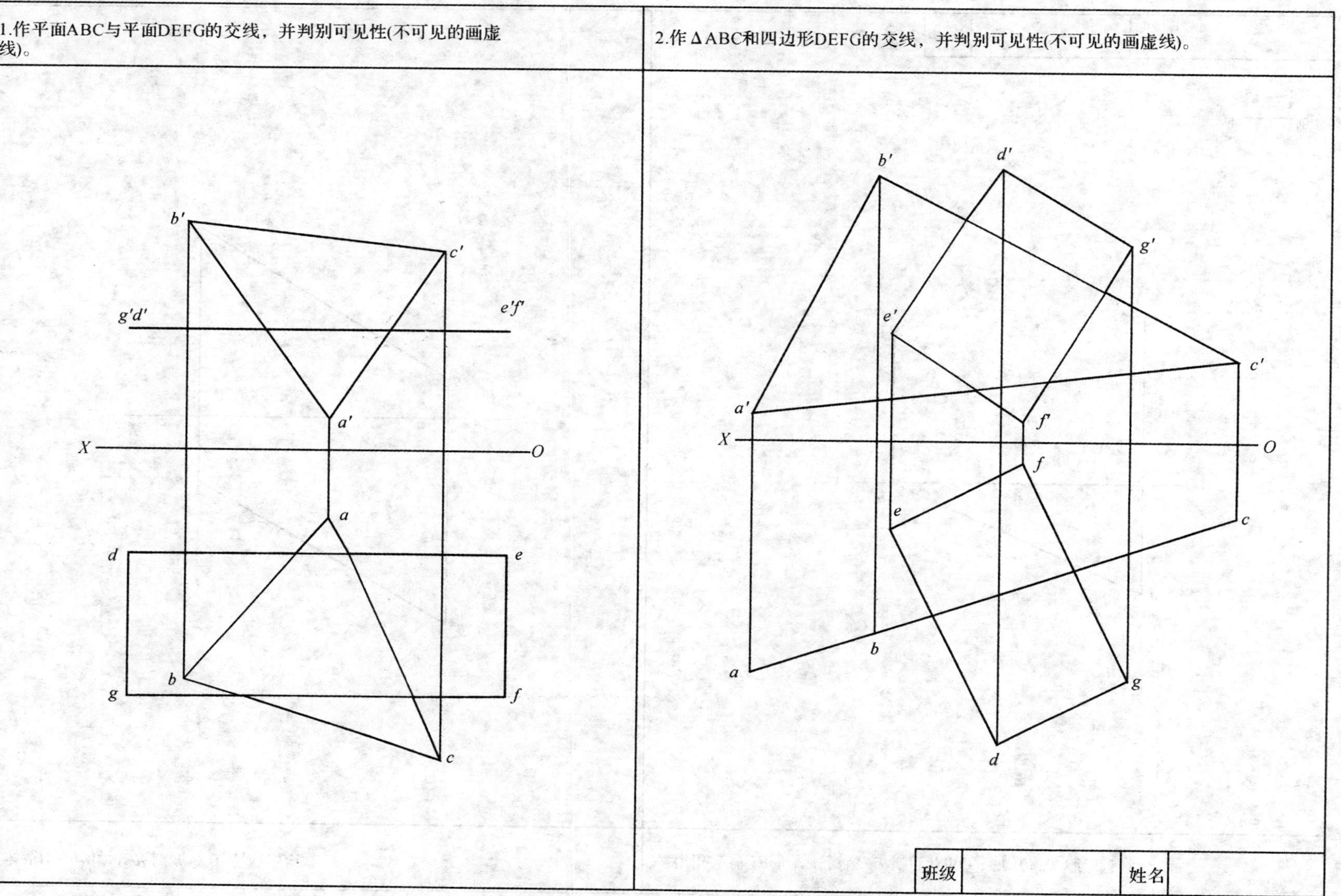

1.求线段AB的实长及倾角α β。(换面法)

2.作出线段AB的水平投影,AB长度48mm。有几解？(换面法)

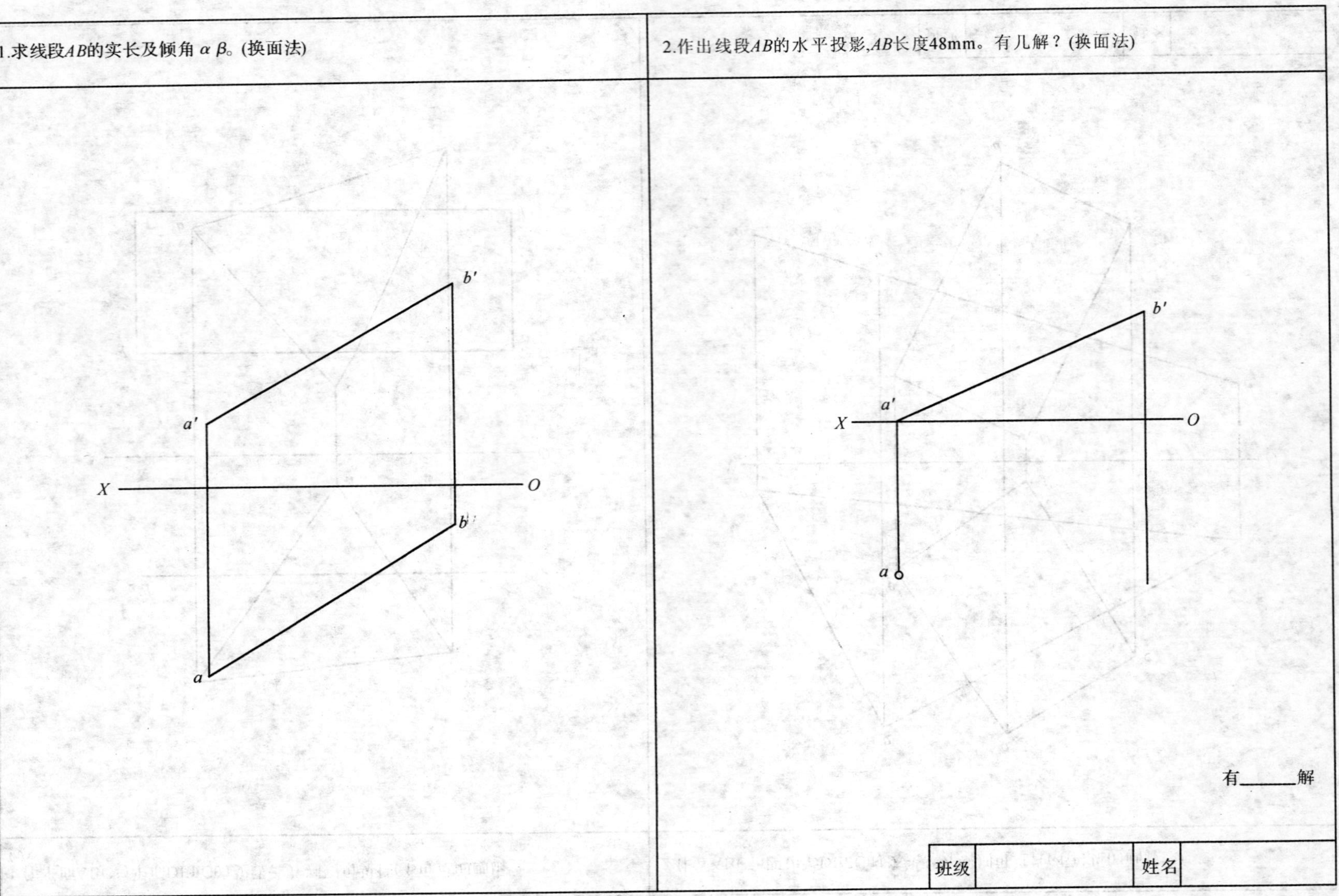

1.试过点C作一线CD与已知直线AB垂直相交于点D。(换面法)

2.求ΔABC的实形。(换面法)

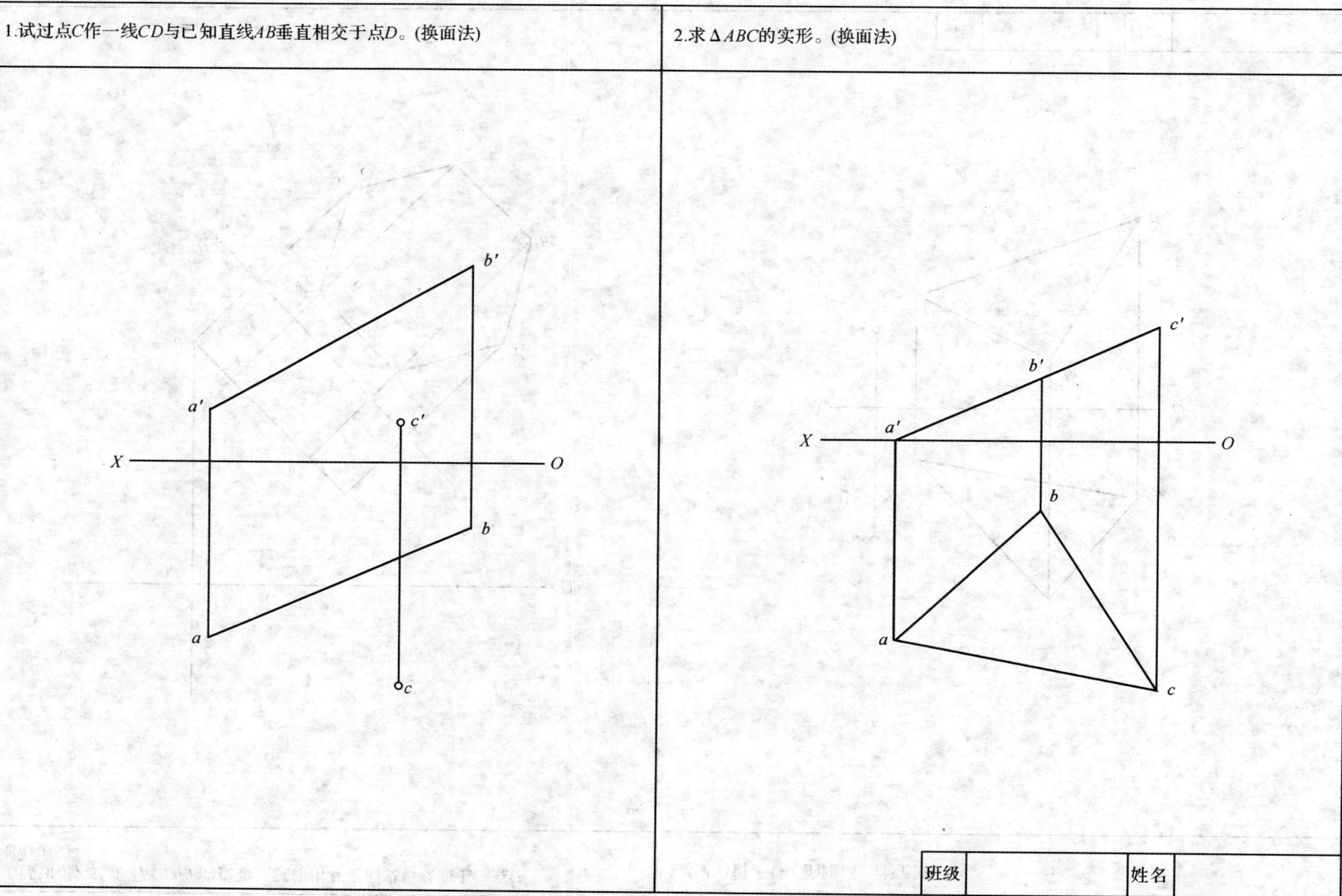

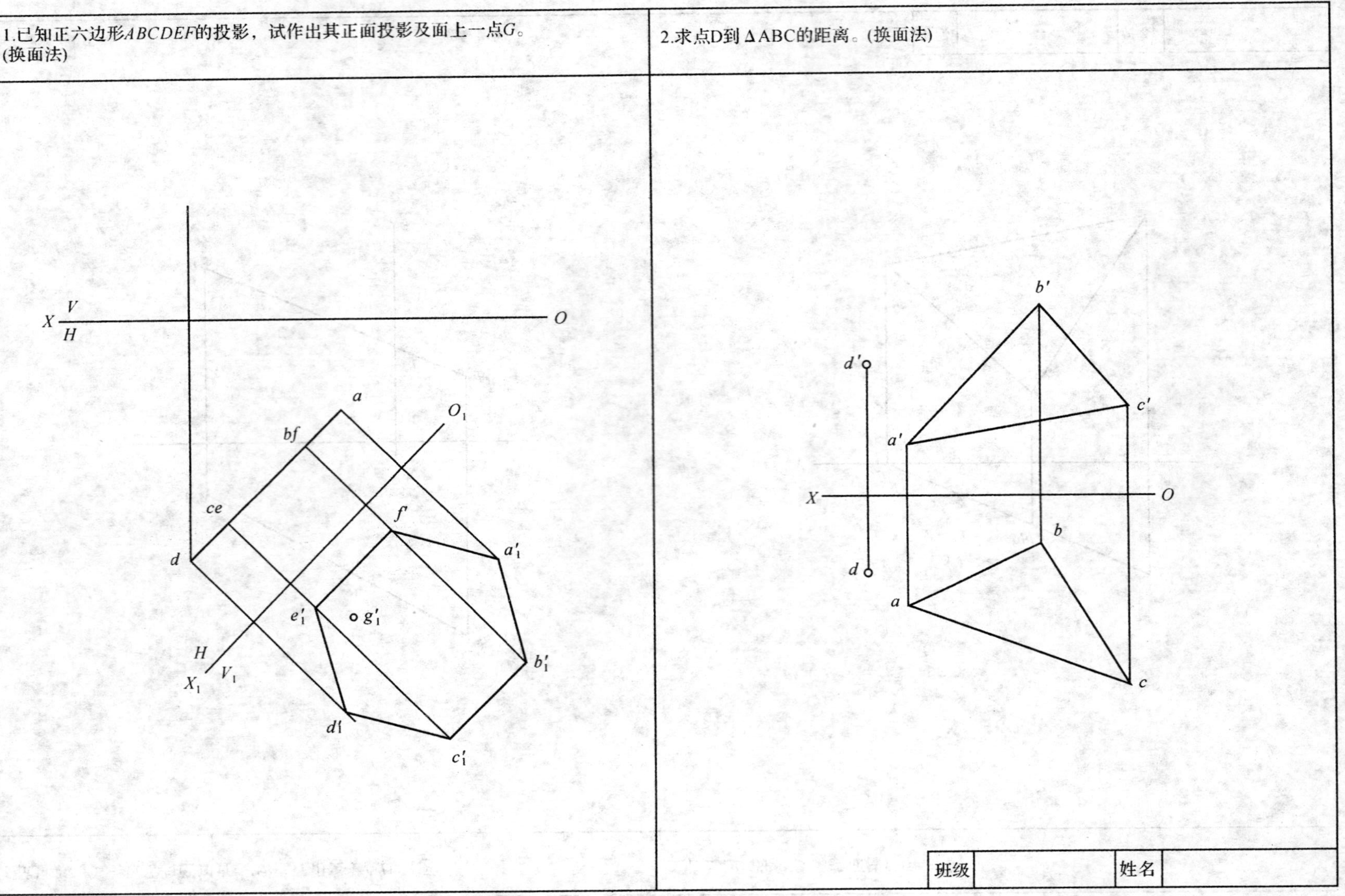
1.已知正六边形$ABCDEF$的投影，试作出其正面投影及面上一点G。(换面法)

2.求点D到ΔABC的距离。(换面法)

1.作出四棱锥的侧面投影及其表面上A、B、C各点的其它两个投影，然后画出被正垂面P切割后的水平投影和侧面投影(切割后投影描深)。

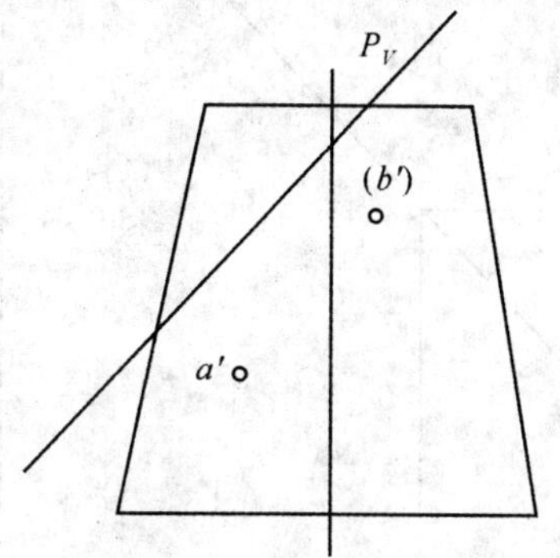

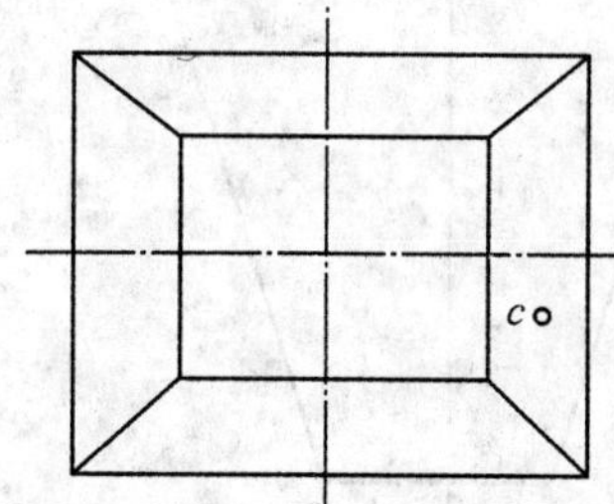

2.正六棱柱被正垂面P切割，试作出其水平投影和侧面投影(切割后投影描深)。

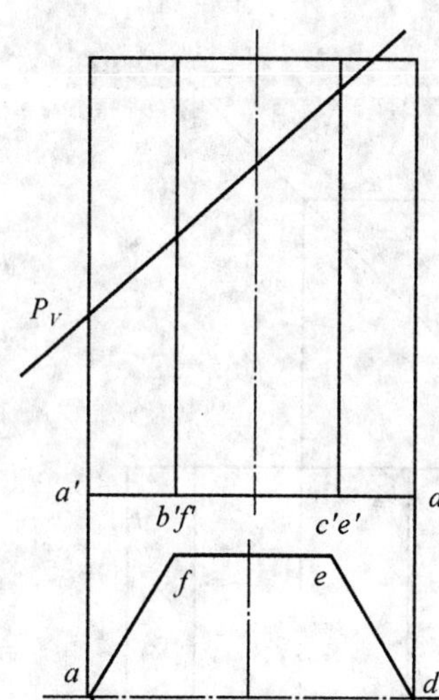

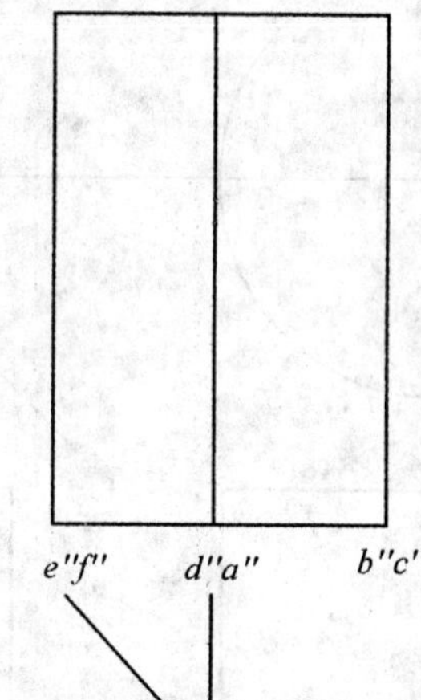

班级		姓名	

1.已知圆柱上点A、B、C的一个投影，求作各点的另外两个投影。

2.已知圆锥台上点A、B、C的一个投影，求作各点的另外两个投影

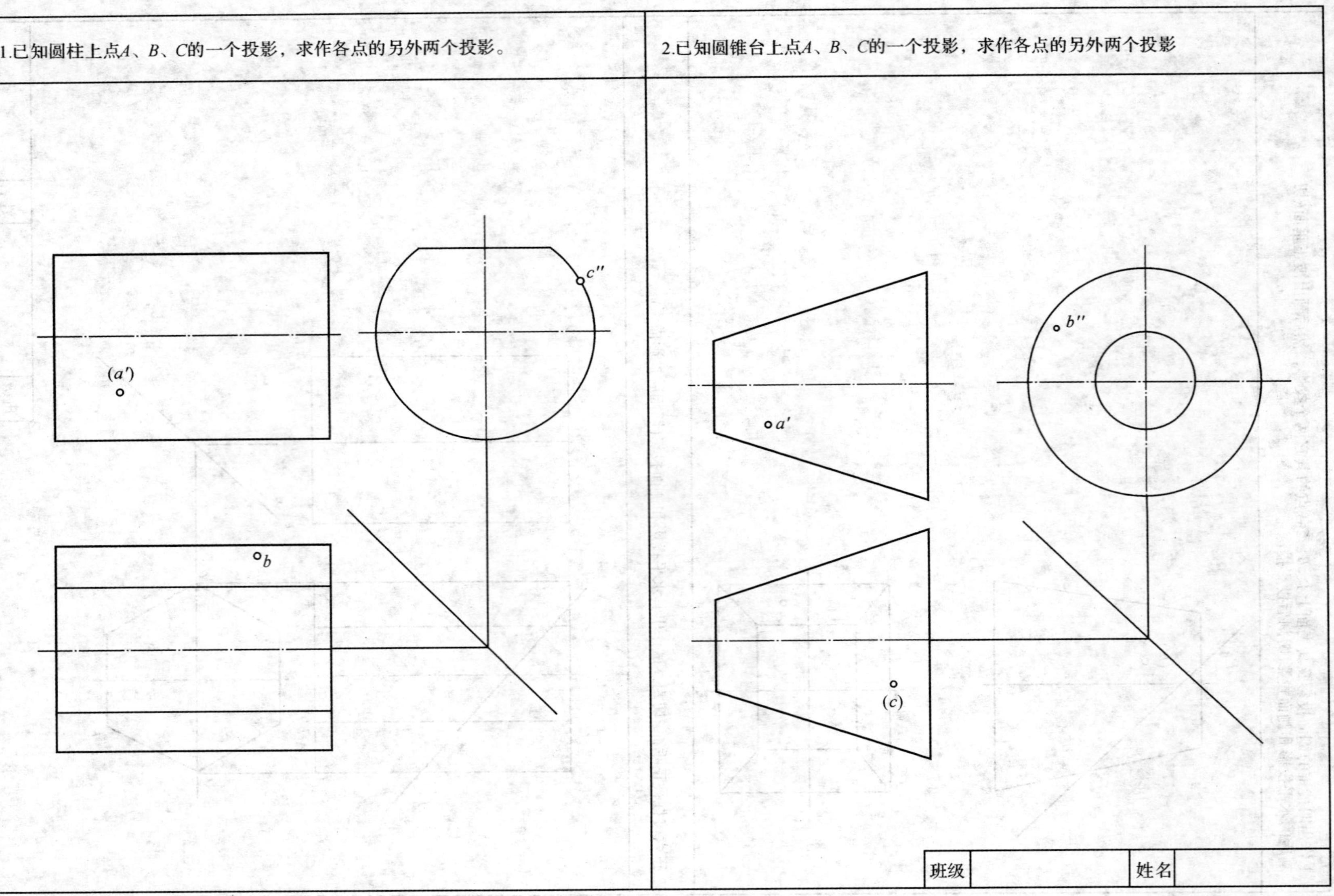

1. 已知球面上点A、B、C的正面投影，求各点的水平投影和侧面投影。

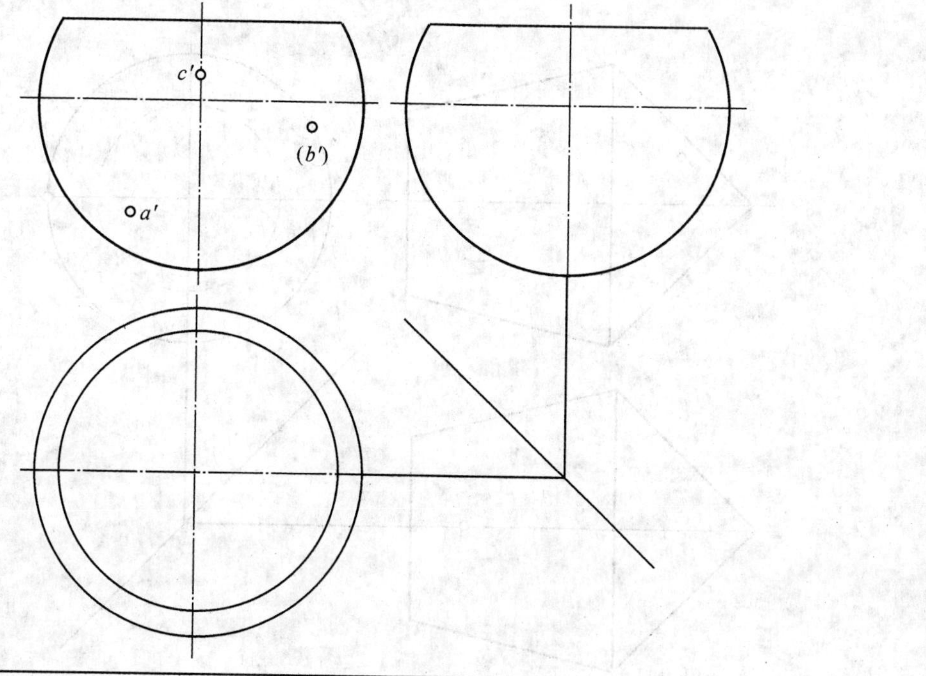

2. 已知圆柱面上线段AB的正面投影，求其水平投影和侧面投影。

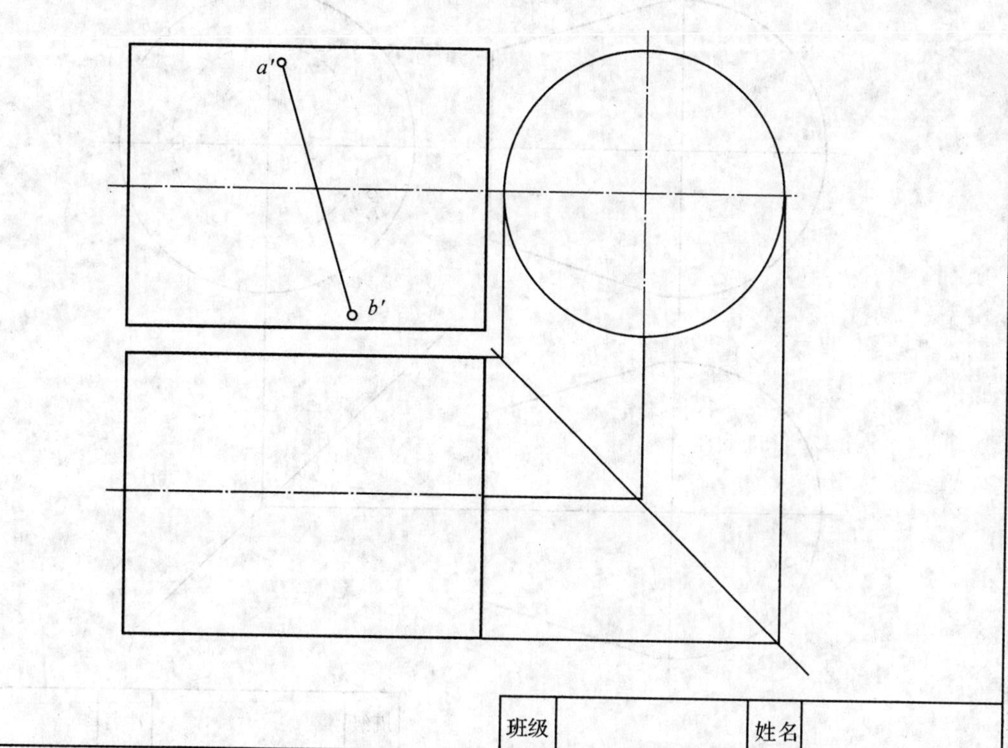

班级		姓名	

已知物体曲面上的点A、B、C的一个投影，求作各点的另外两个投影。

①

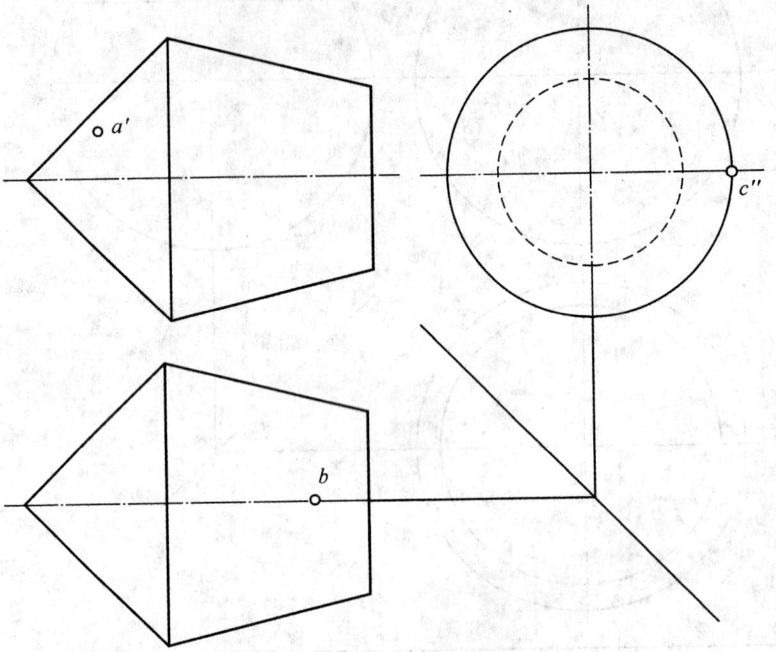

a'

c''

b

②

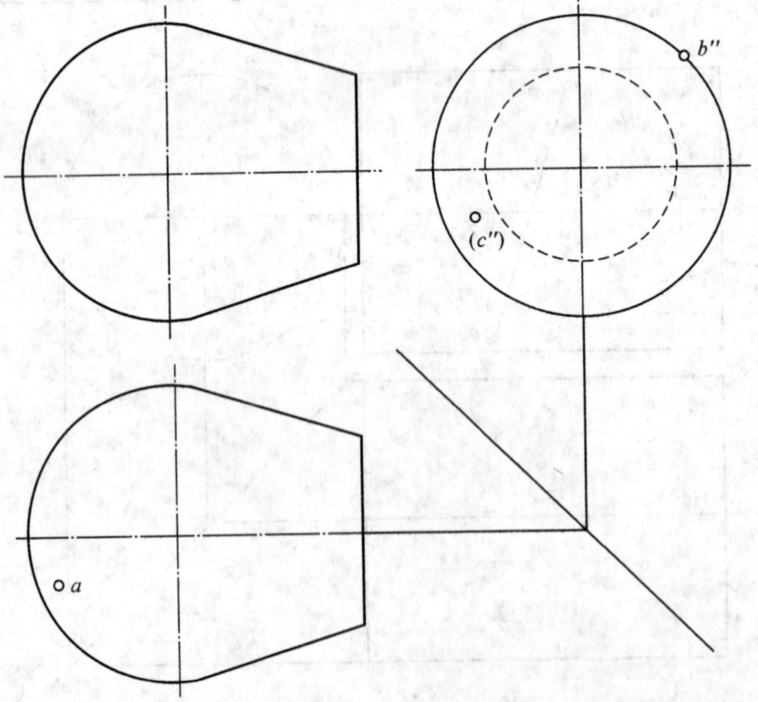

b''

(c'')

a

班级		姓名	

试完成圆柱截交的三面投影图。

①

②

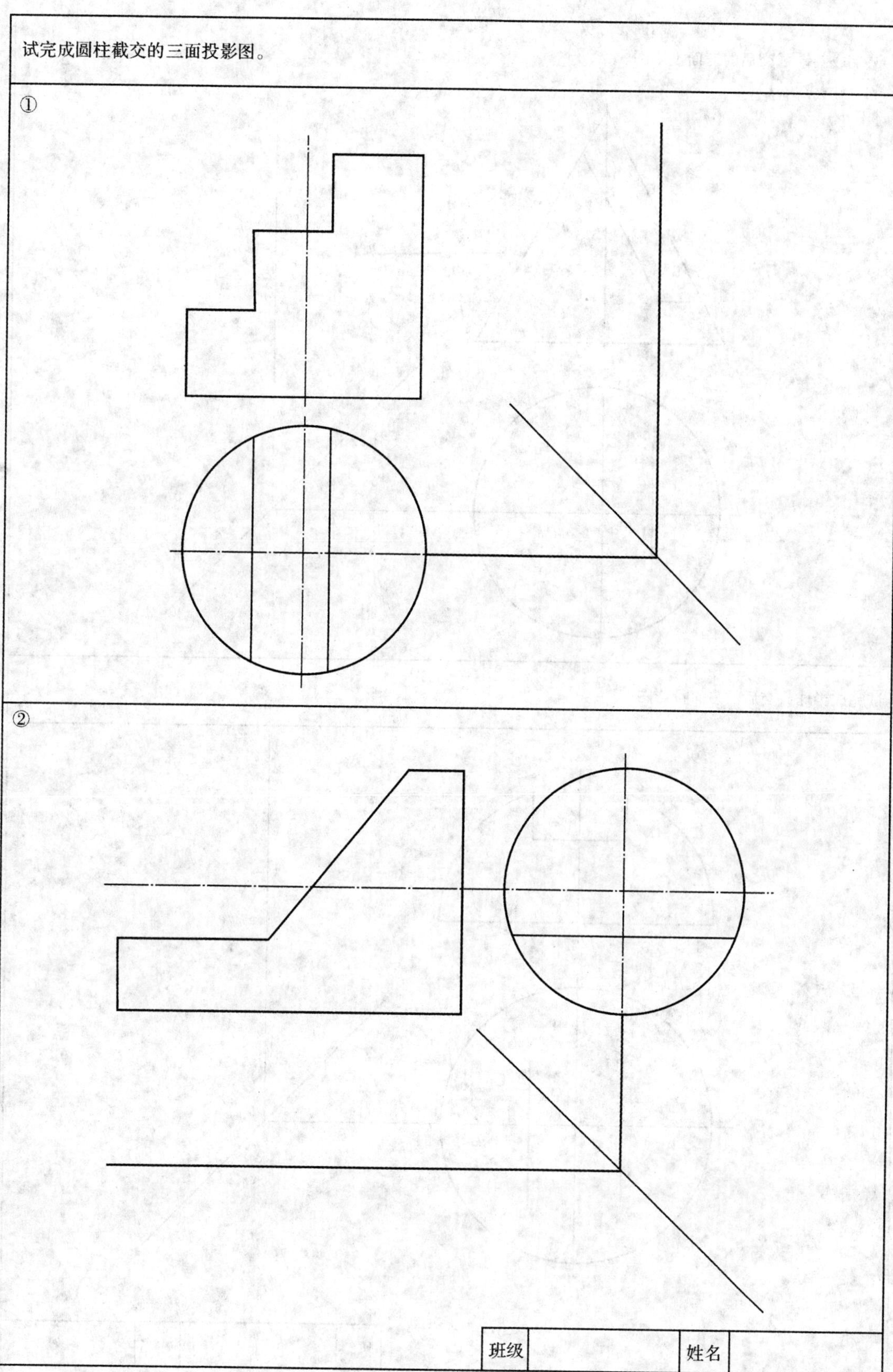

班级　　姓名

试完成圆锥截交后的三面投影图。

试完成半球截交后的三面投影图。

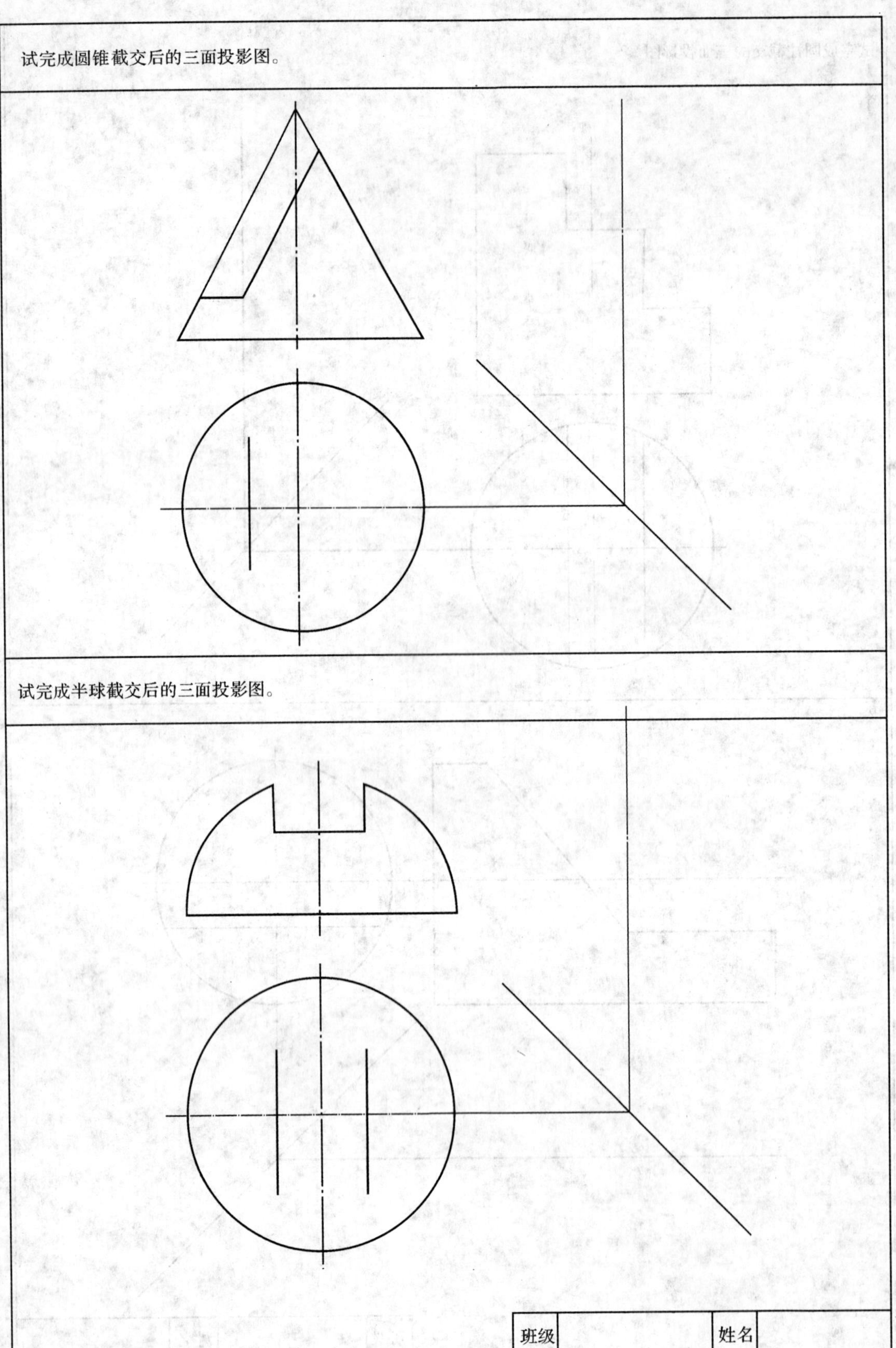

班级		姓名	

1.试作出被两水平面截切后截交线的水平投影。

2.试作出被两正平面截切后截交线的正面投影。

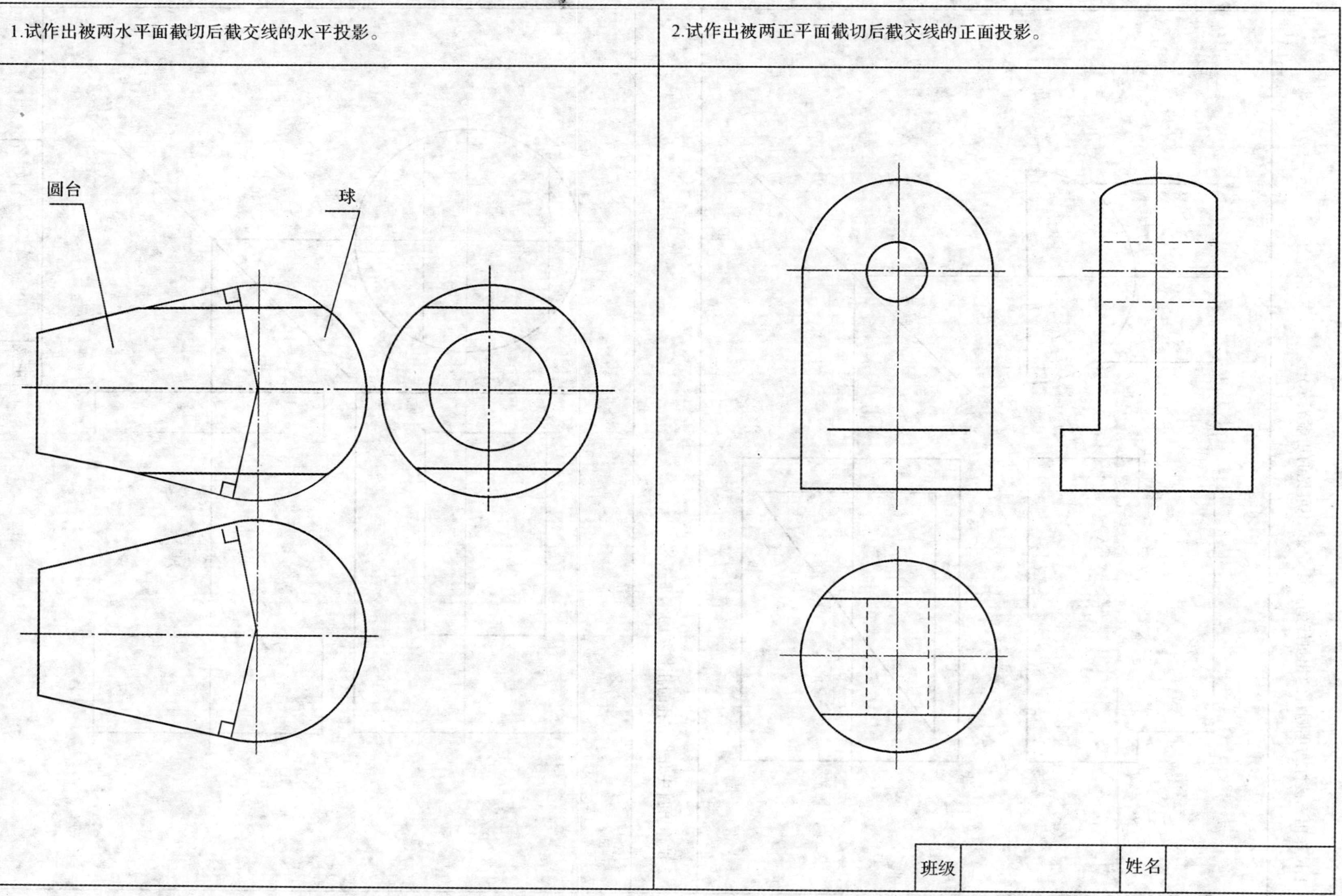

班级		姓名	

1.试作出三棱柱与半圆柱的相贯线的正面投影(不可见的用虚表示)。

2.试作出圆柱开长方孔的相贯线的水平投影。

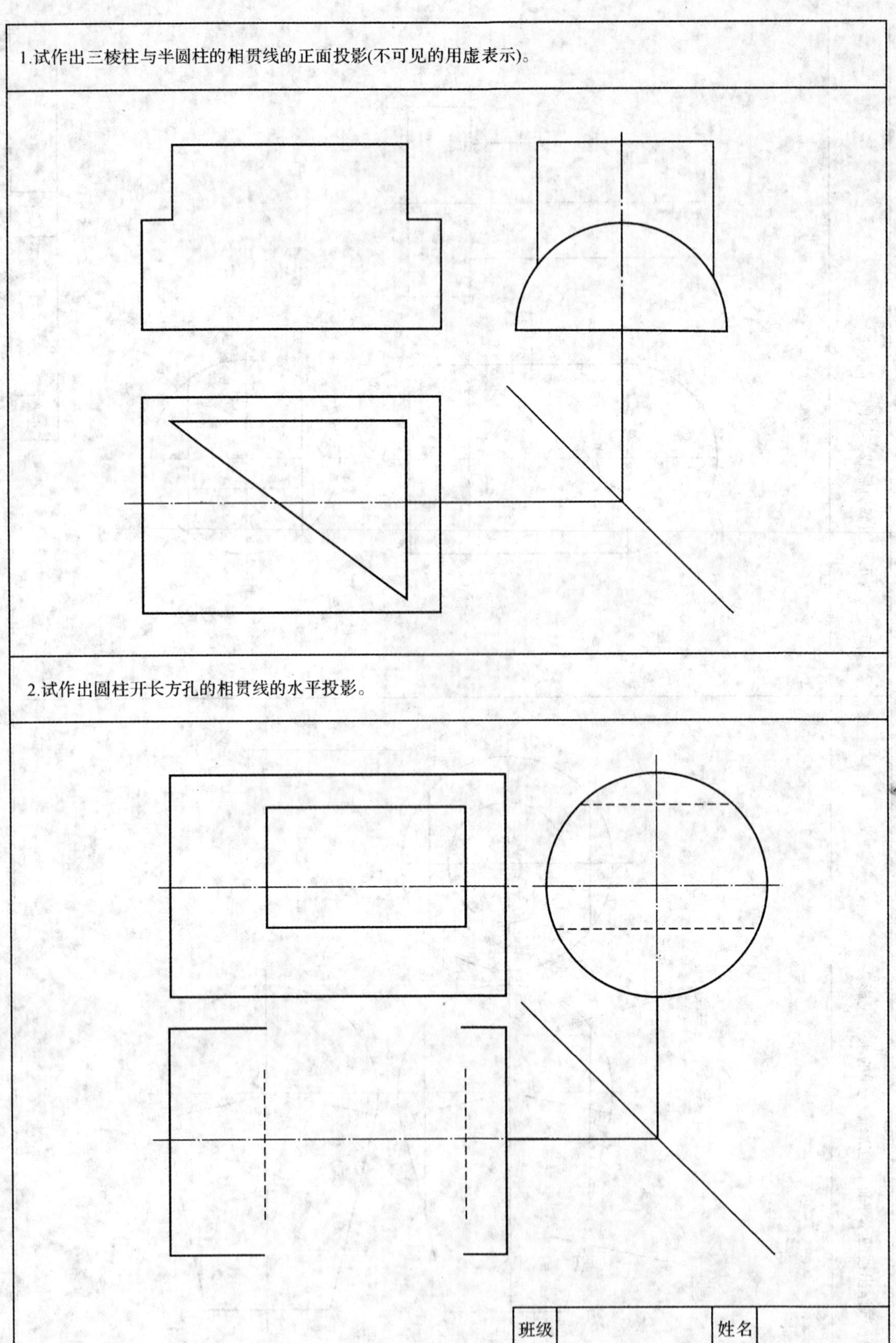

班级		姓名	

1.试出半圆柱与圆锥台的相贯线的正面投影和水平投影。

2.试作出圆锥与圆柱的相贯线的正面投影和水平投影(不可见的画虚线)。

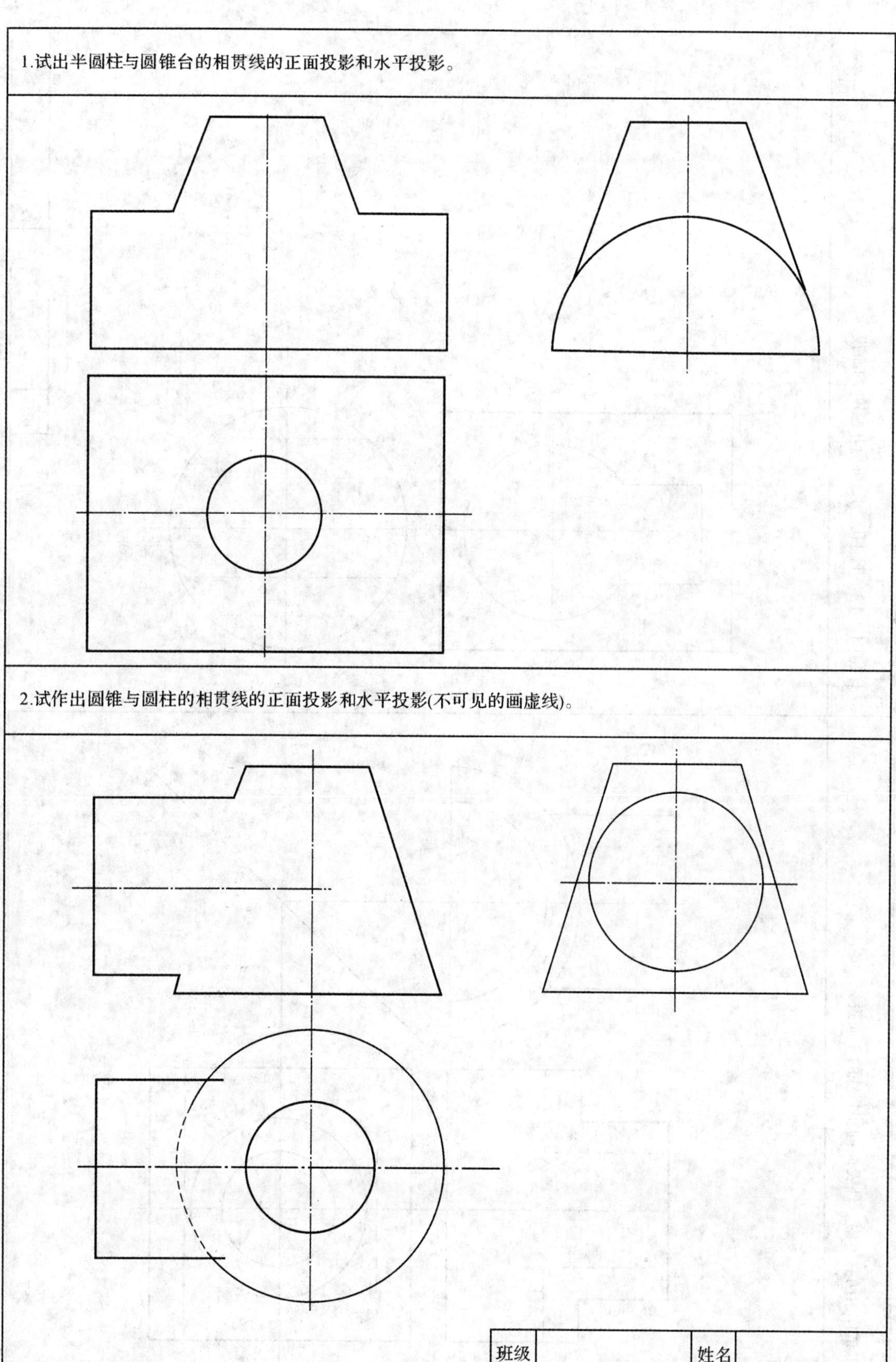

班级		姓名	

1.试作出两立体内、外表面的相贯线的正面投影。

2.作出圆柱上所开圆孔、长槽(均开通)的侧面投影。

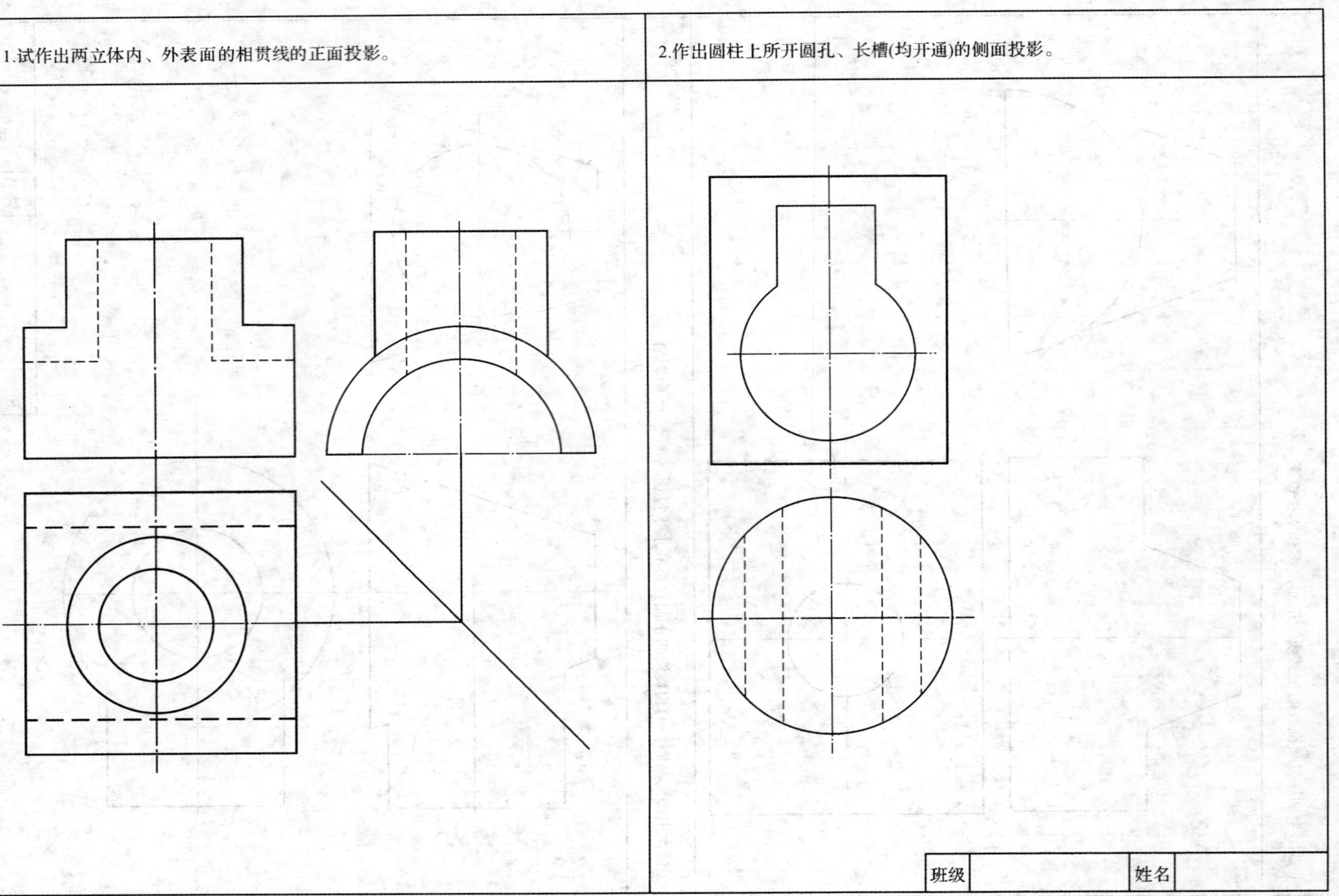

班级　　　　姓名

1.作出通孔半圆柱上所开圆形长槽的相贯线的正面投影。

2.试用辅助平面法作出圆柱与半球相贯的正面投影和侧面投影，判别可见性，并标出特殊点。

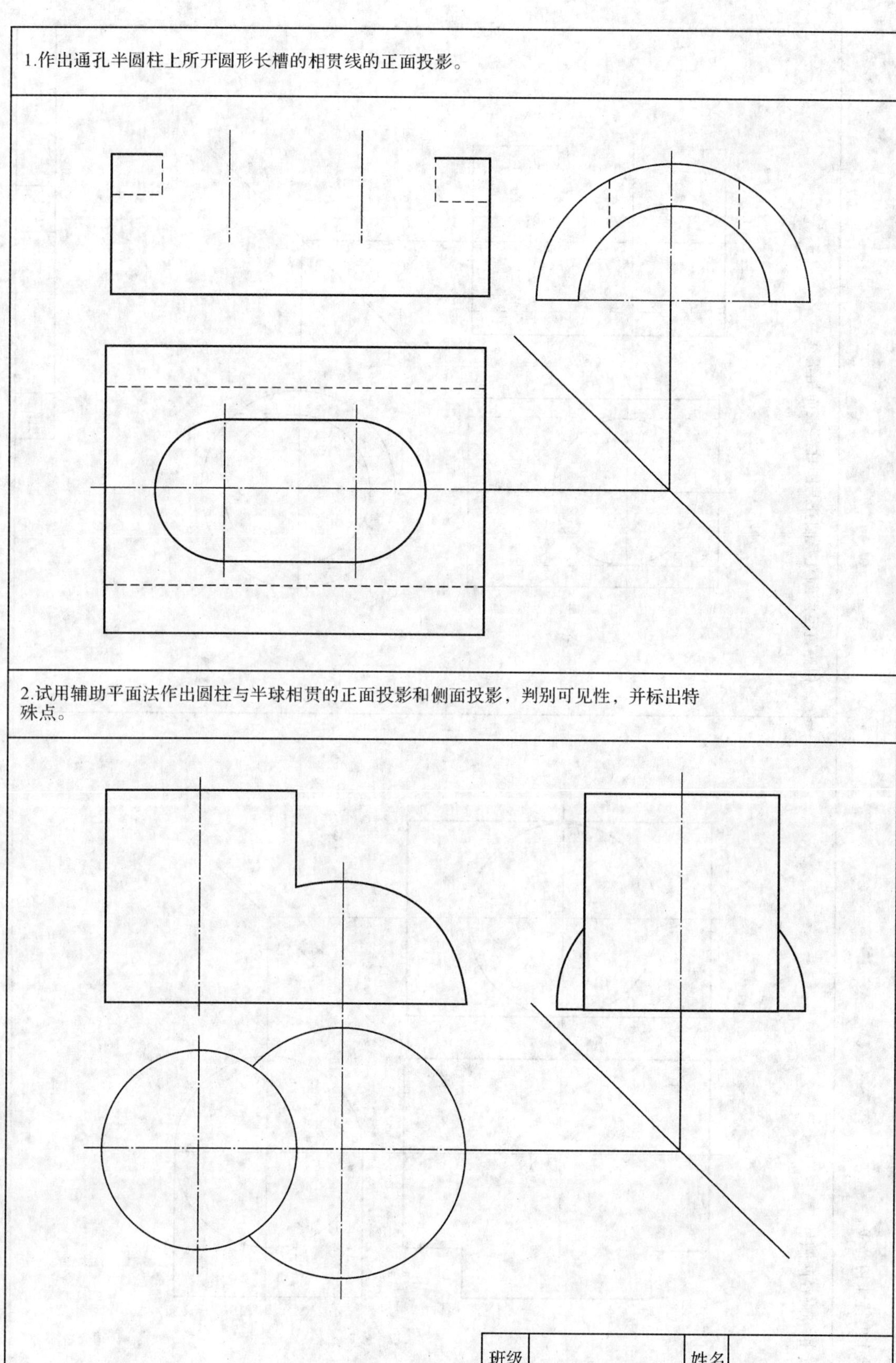

班级		姓名	

试作出特殊相贯线。

①相等直径两圆柱

②相等直径两圆孔及圆孔与圆柱外表面相贯线。

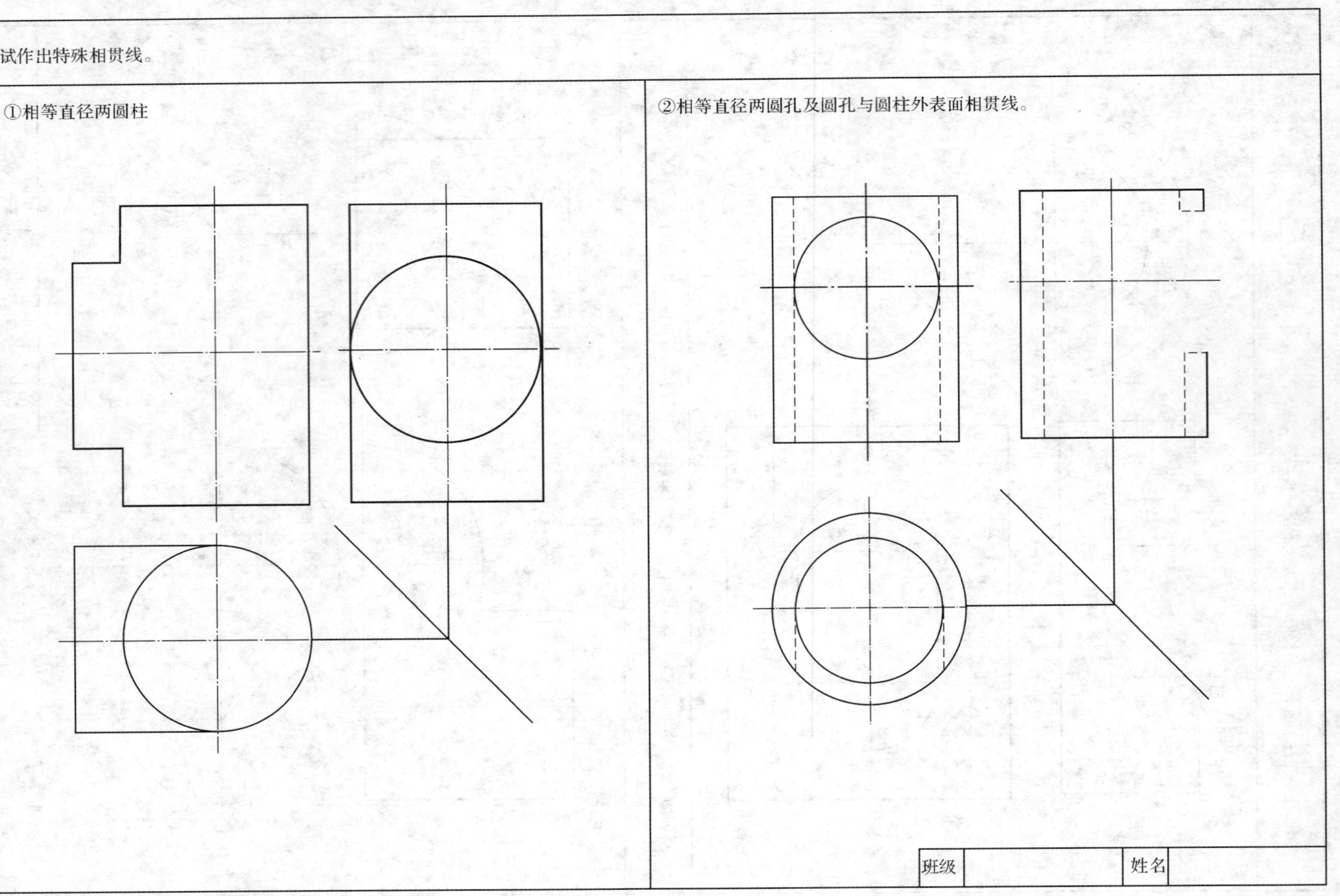

班级		姓名	

看懂试图，分别找出它们的轴测图(见下页)，填写对应序号，并作出第三视图

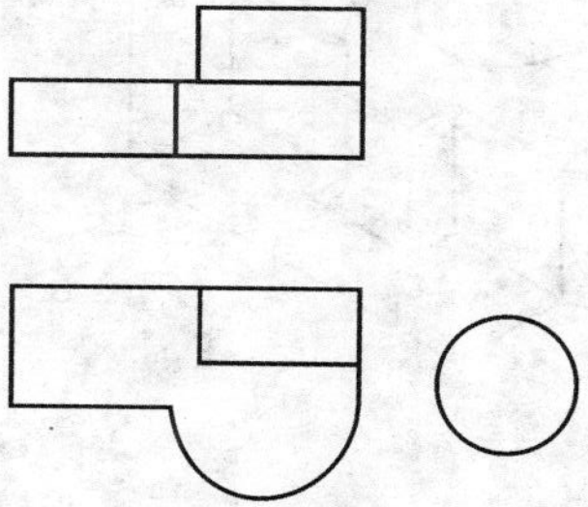

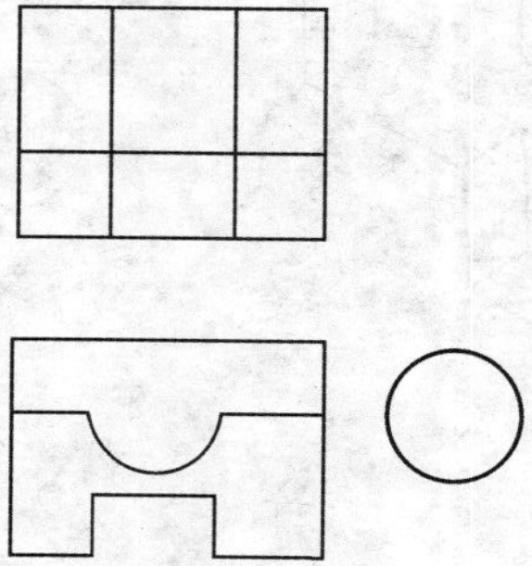

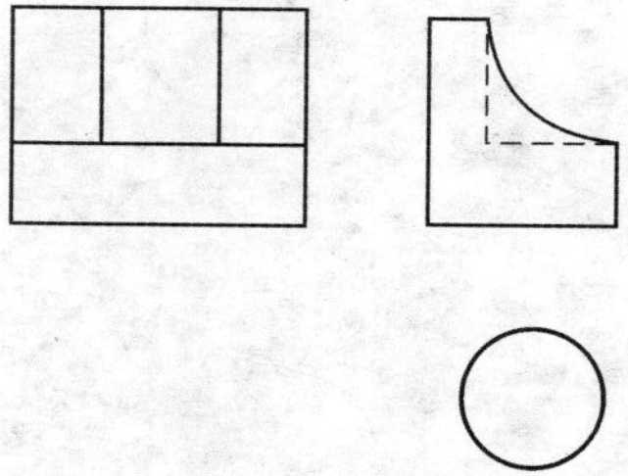

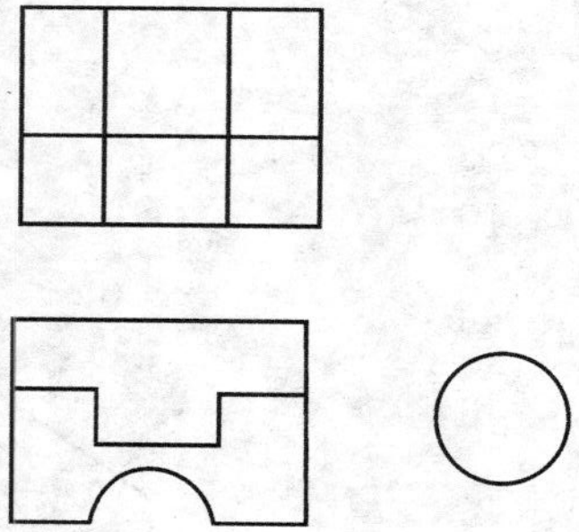

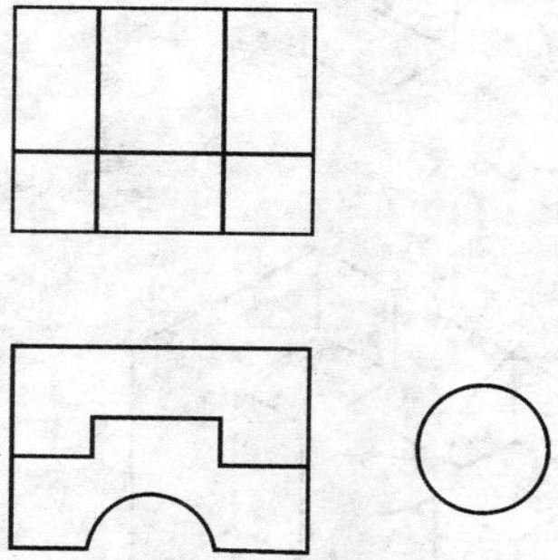

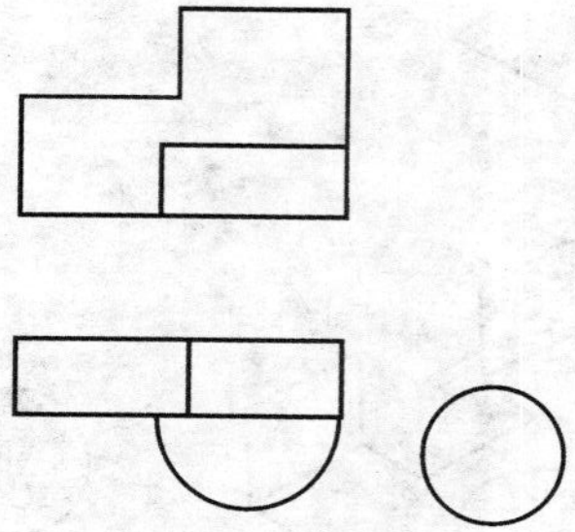

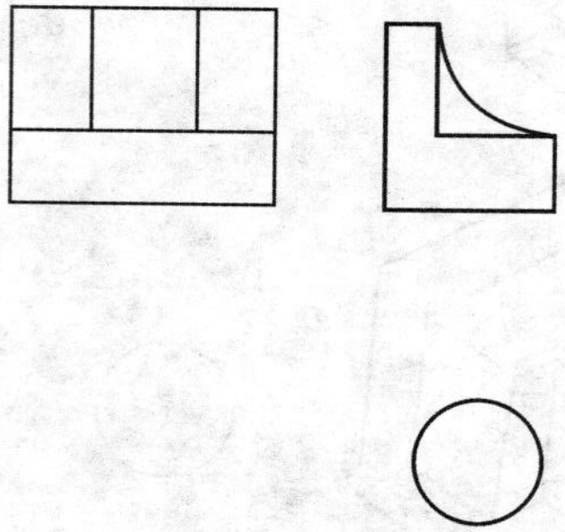

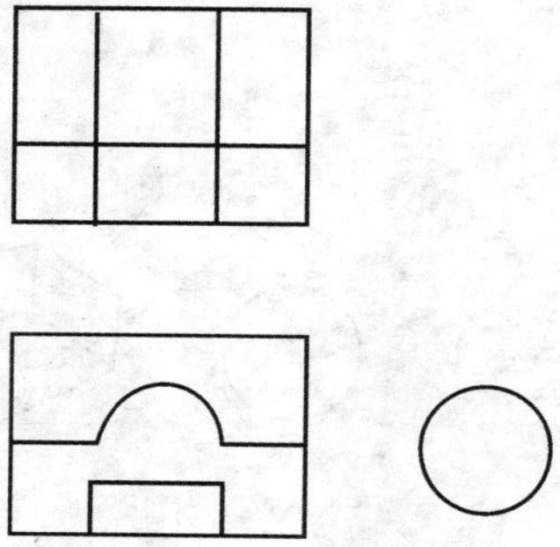

班级		姓名	

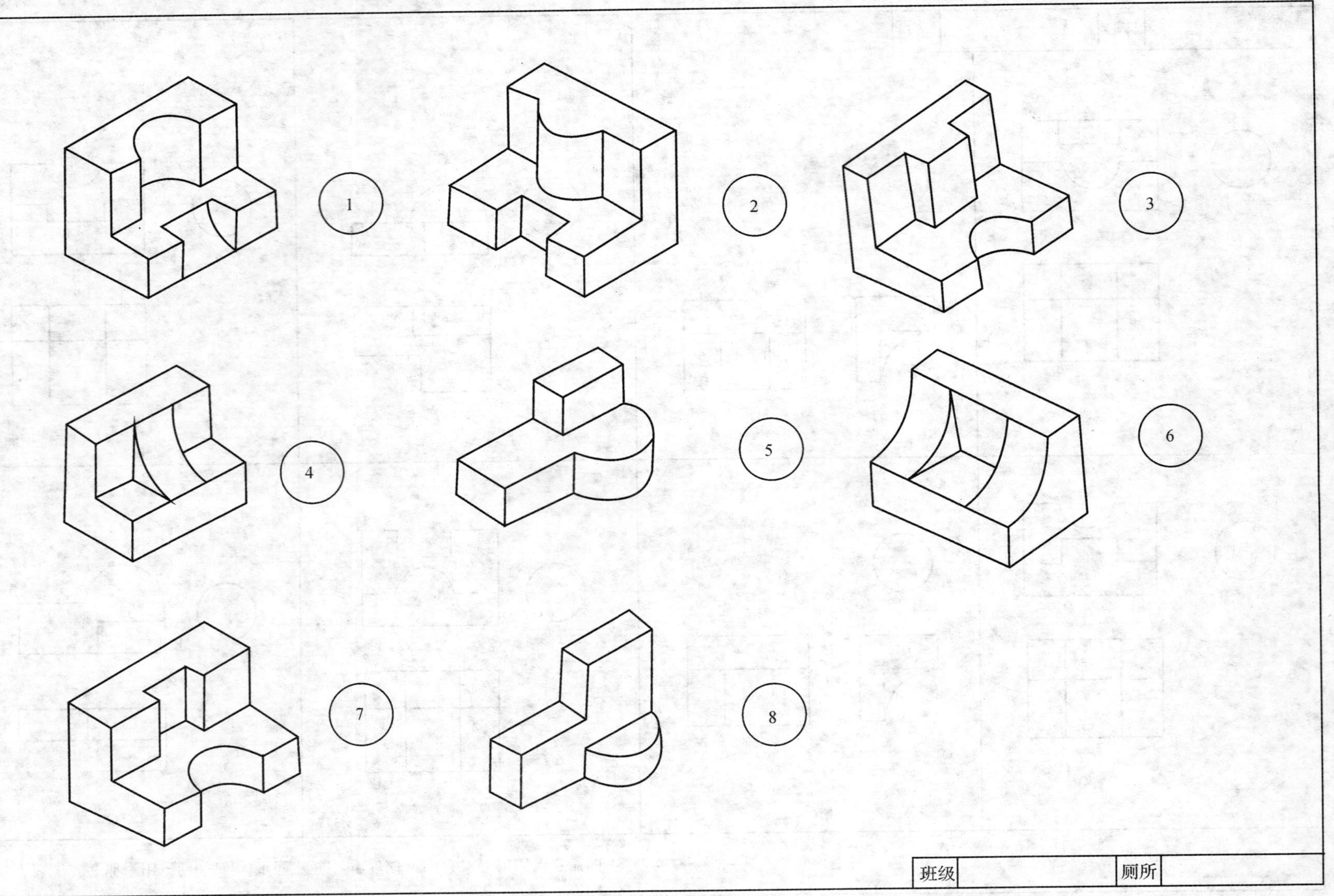

1
2
3
4
5
6
7
8
班级
厕所

对照轴测图，补全视图上所缺的线。

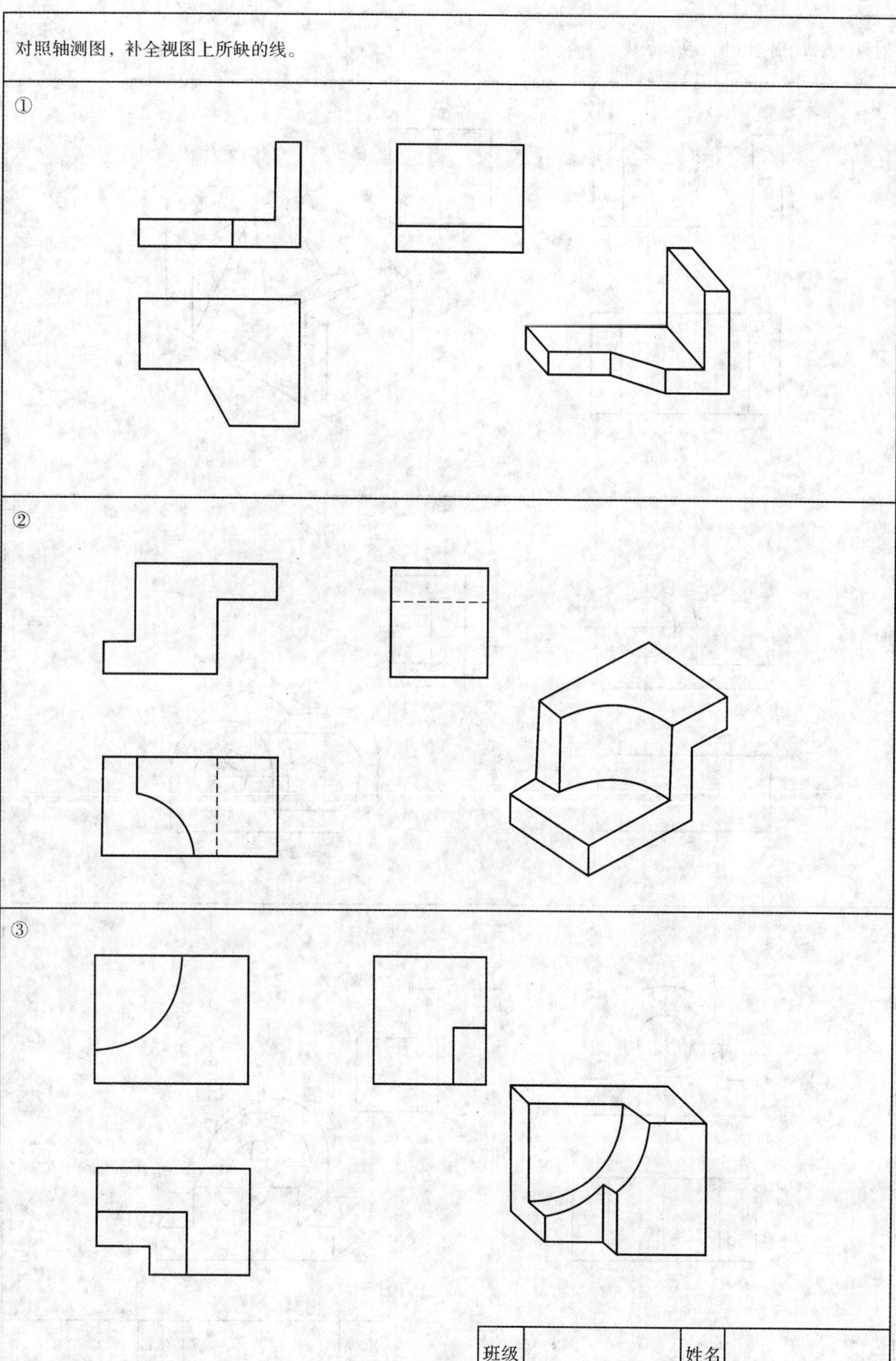

对照轴测图，补全视图上所缺的线。

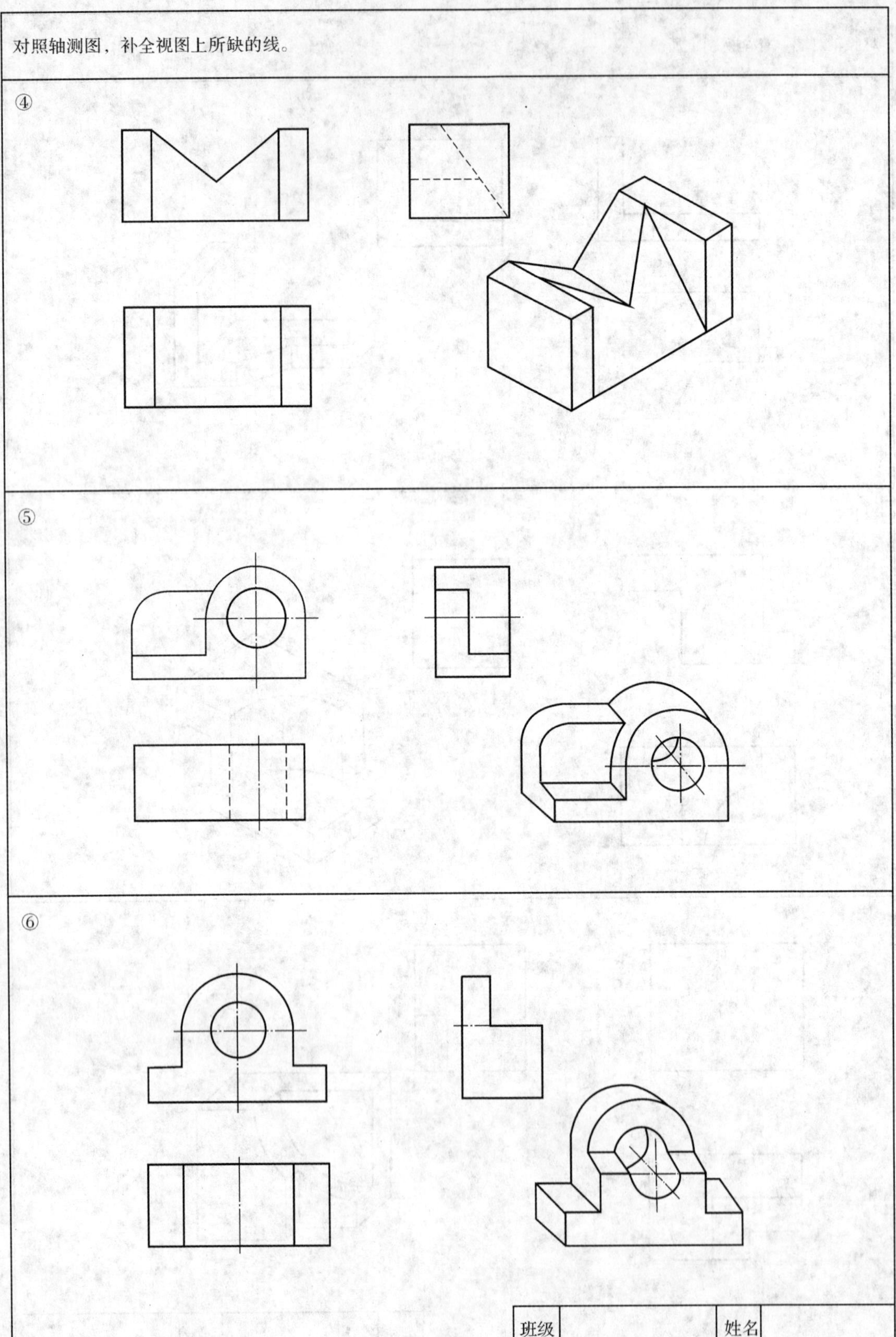

班级　　　　姓名

由轴测图及给尺寸画三视图。按形体分析过程：(1)主体，(2)主要形体叠加,(3)第一次切割，(4)第二次切割的步骤画出三视图。

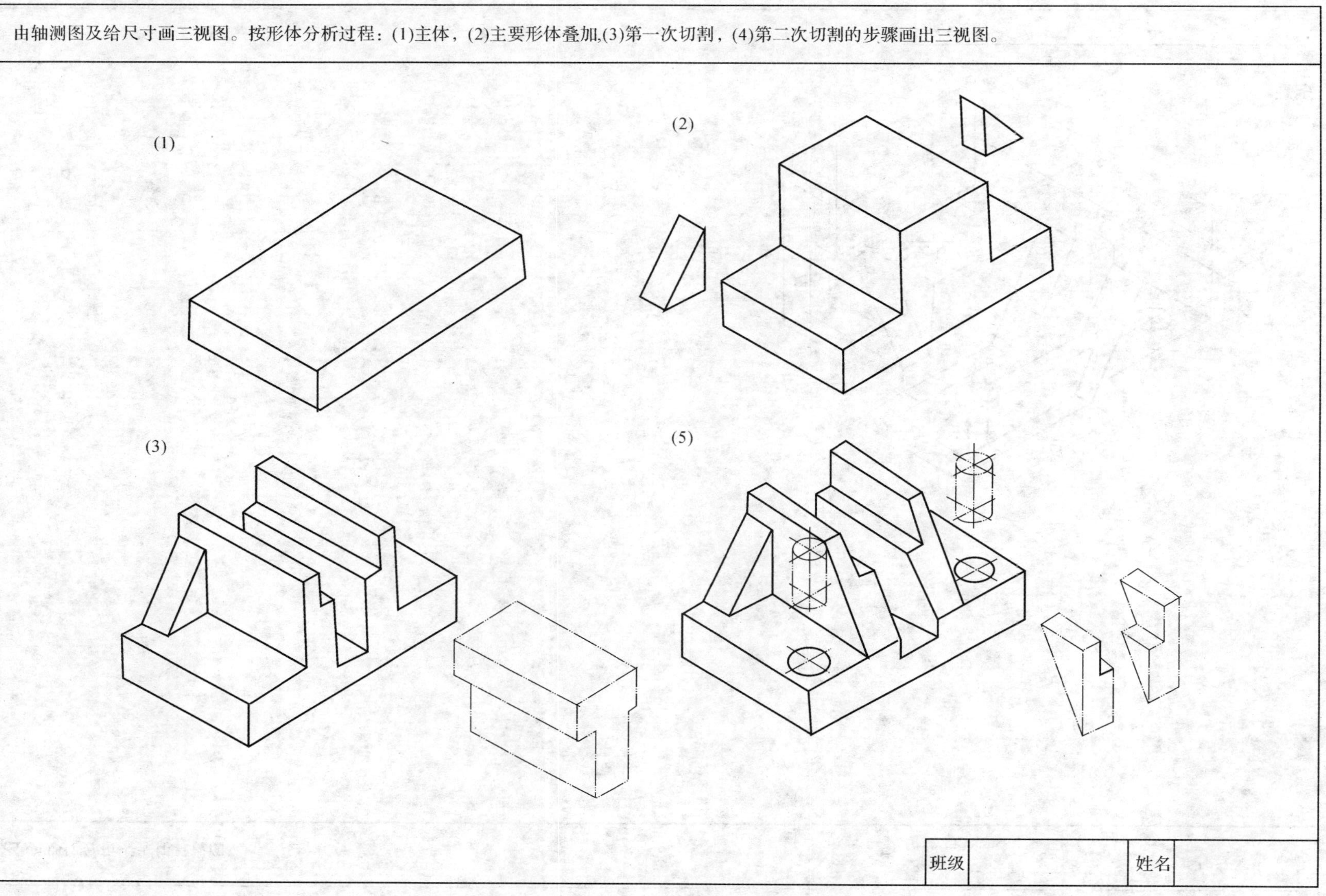

按上页形体分析步骤作三视图。

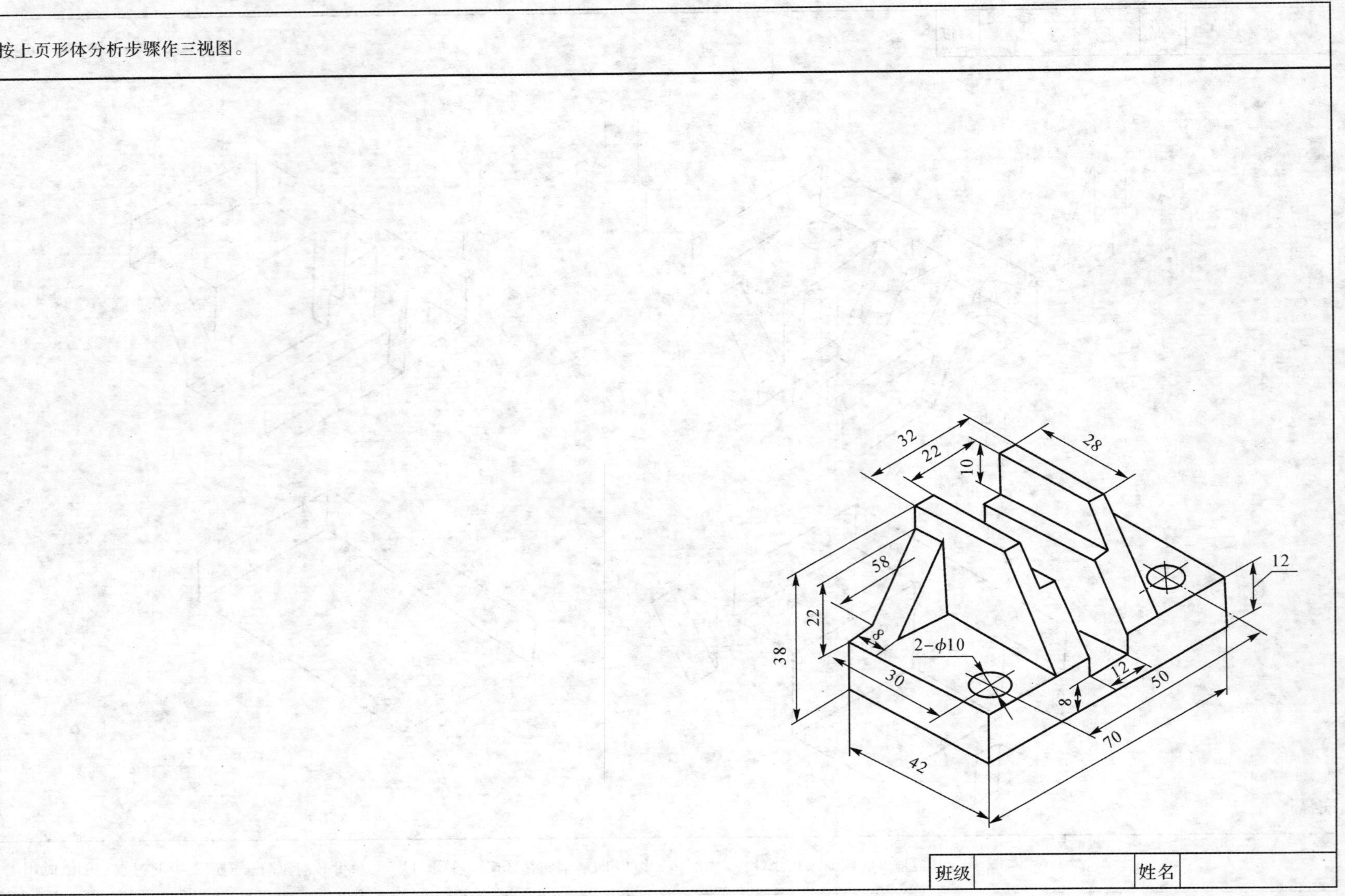

班级 姓名

由轴测图及所给尺寸画三视图。

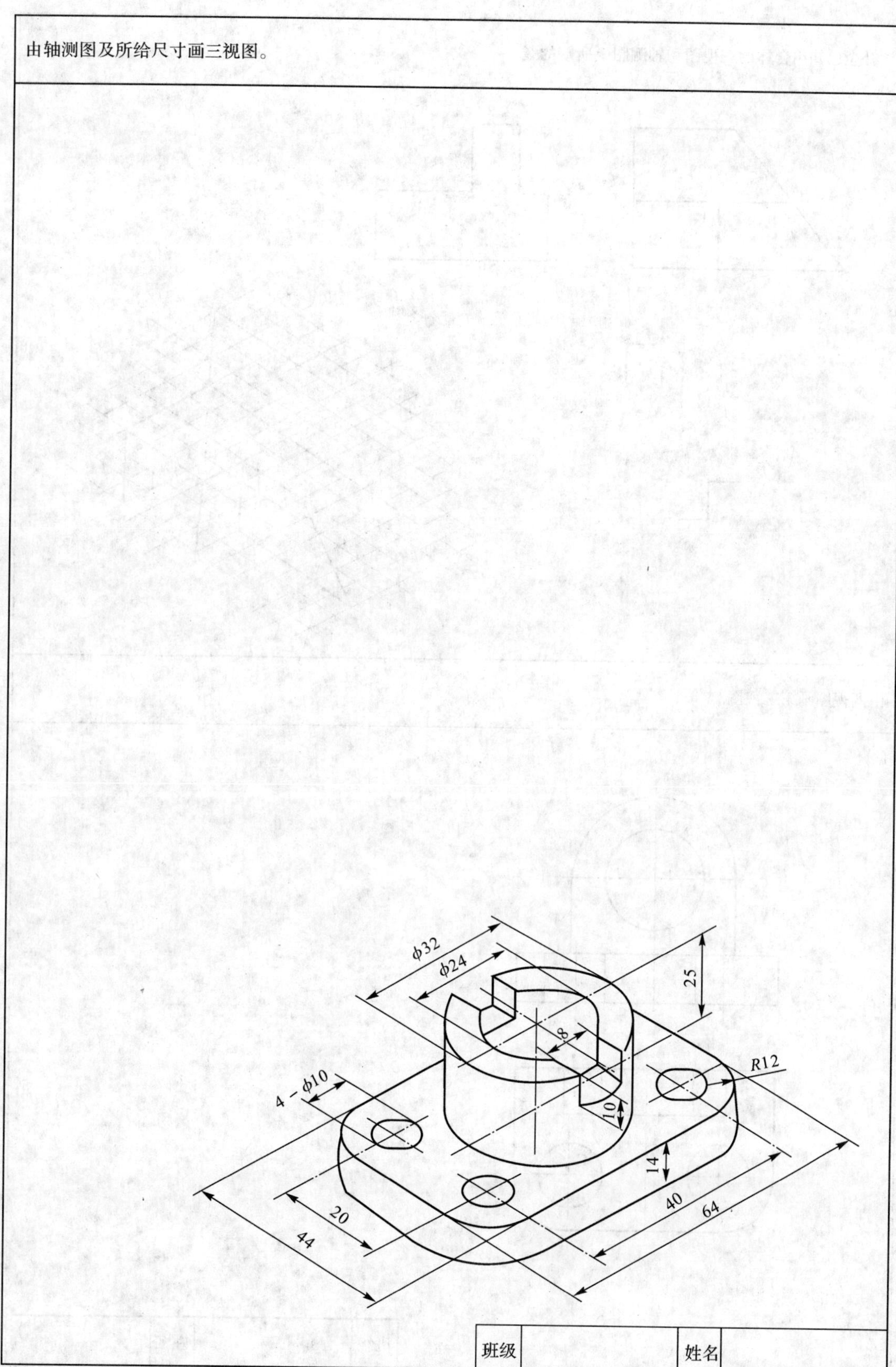

班级 姓名

试补全已知组合体的三视图和轴测图上所缺的线。

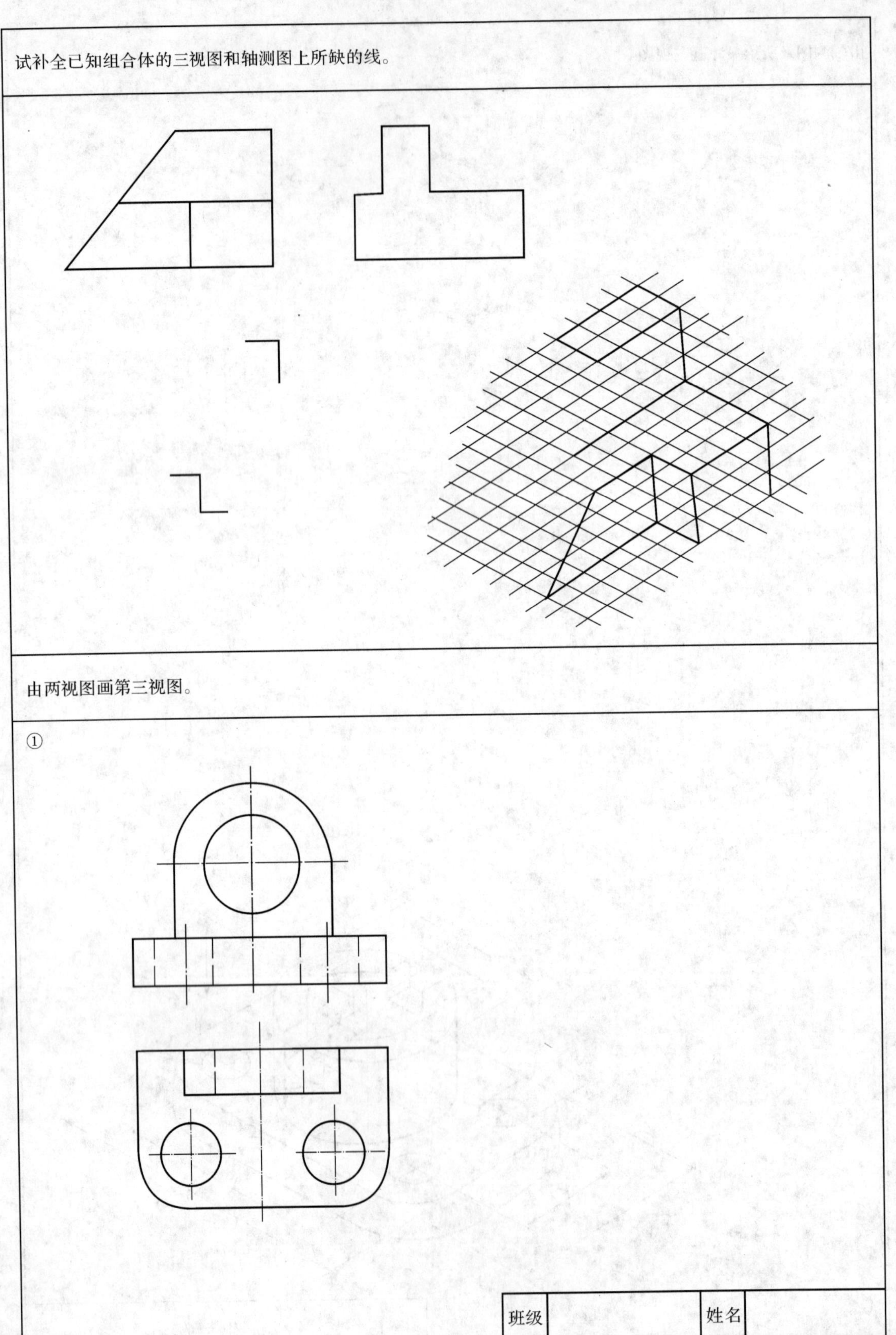

由两视图画第三视图。

①

班级		姓名	

由两视图画第三视图。

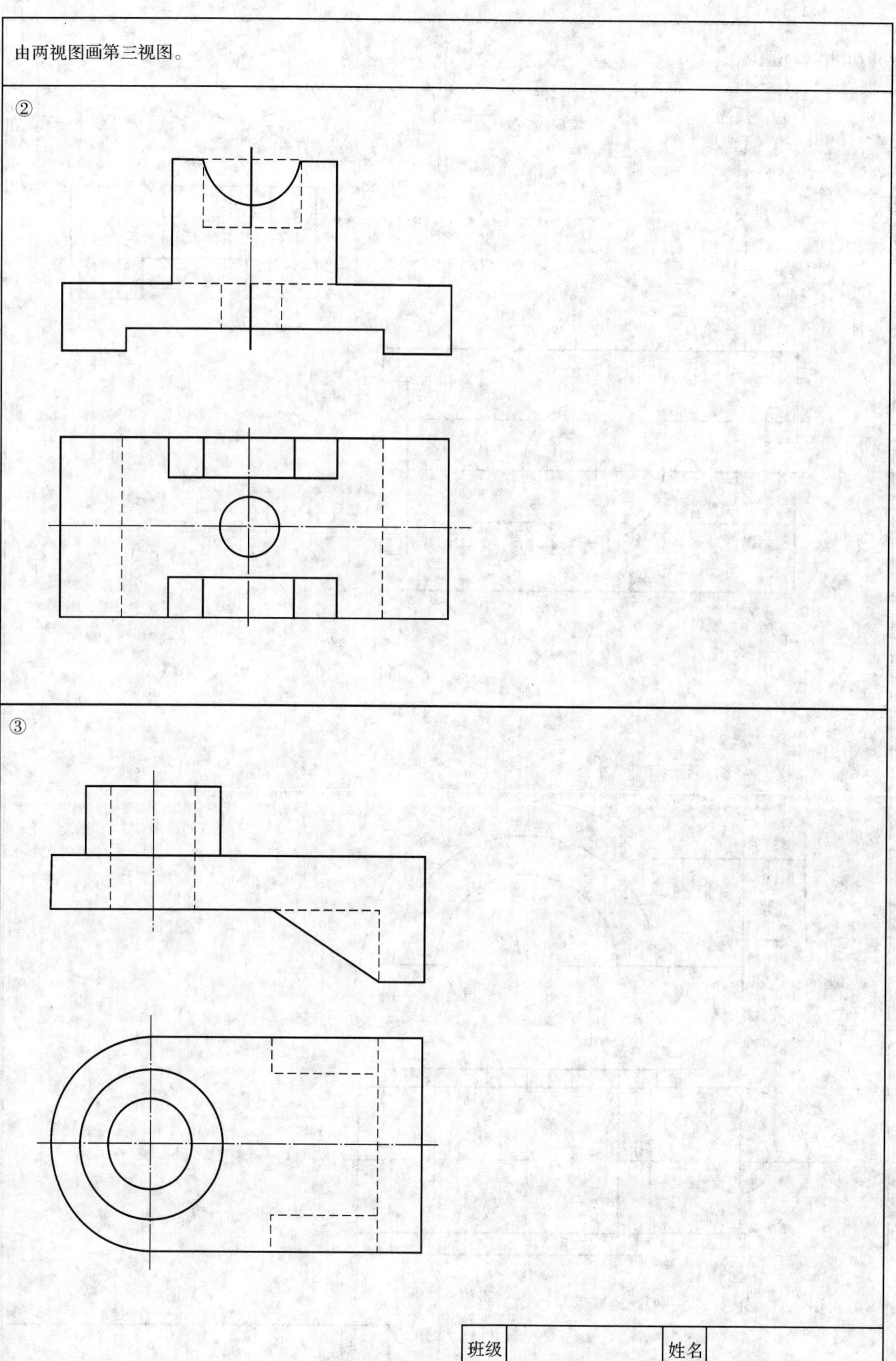

由两视图画第三视图。

④

⑤

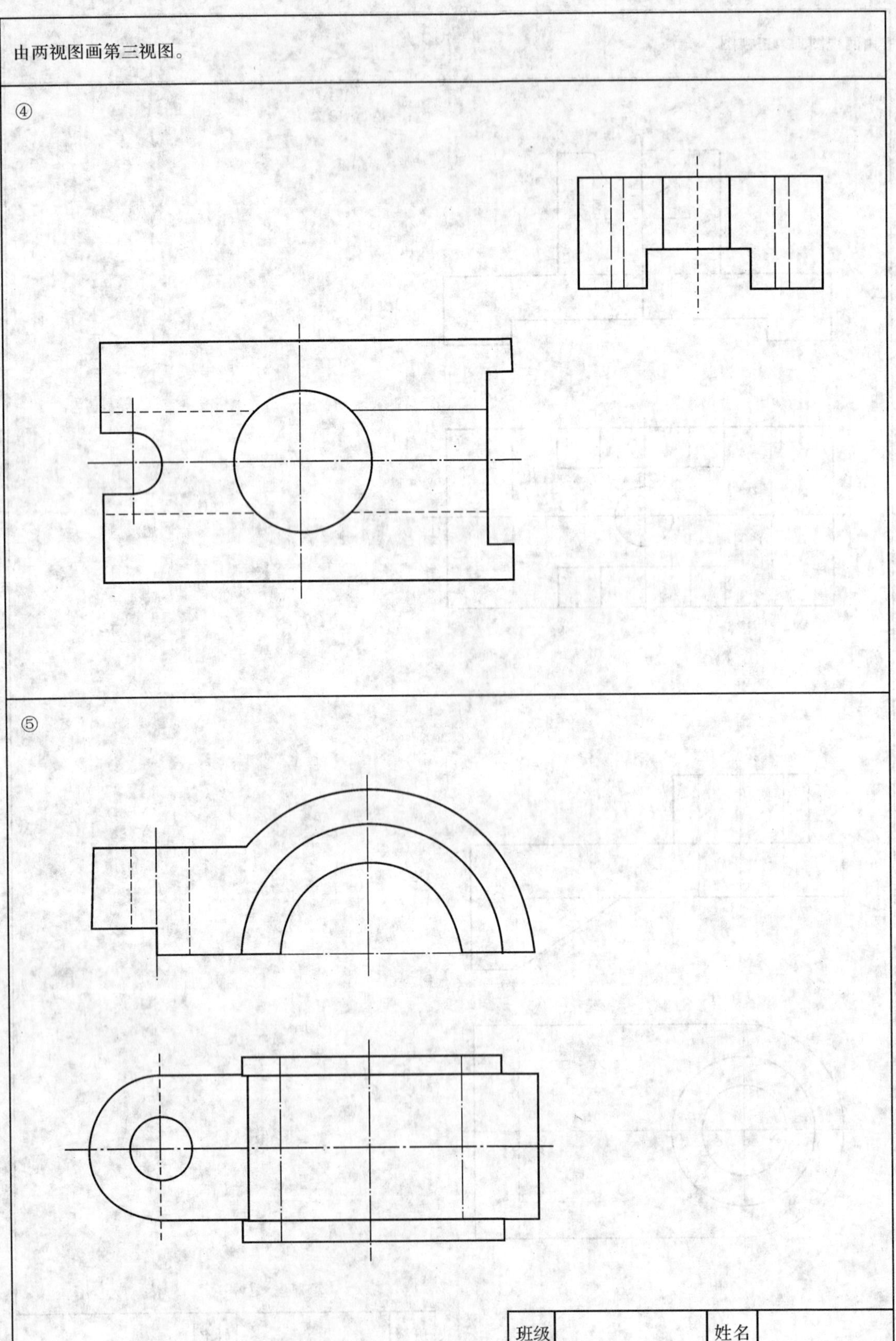

班级		姓名	

由两视图画第三视图。

⑥

⑦

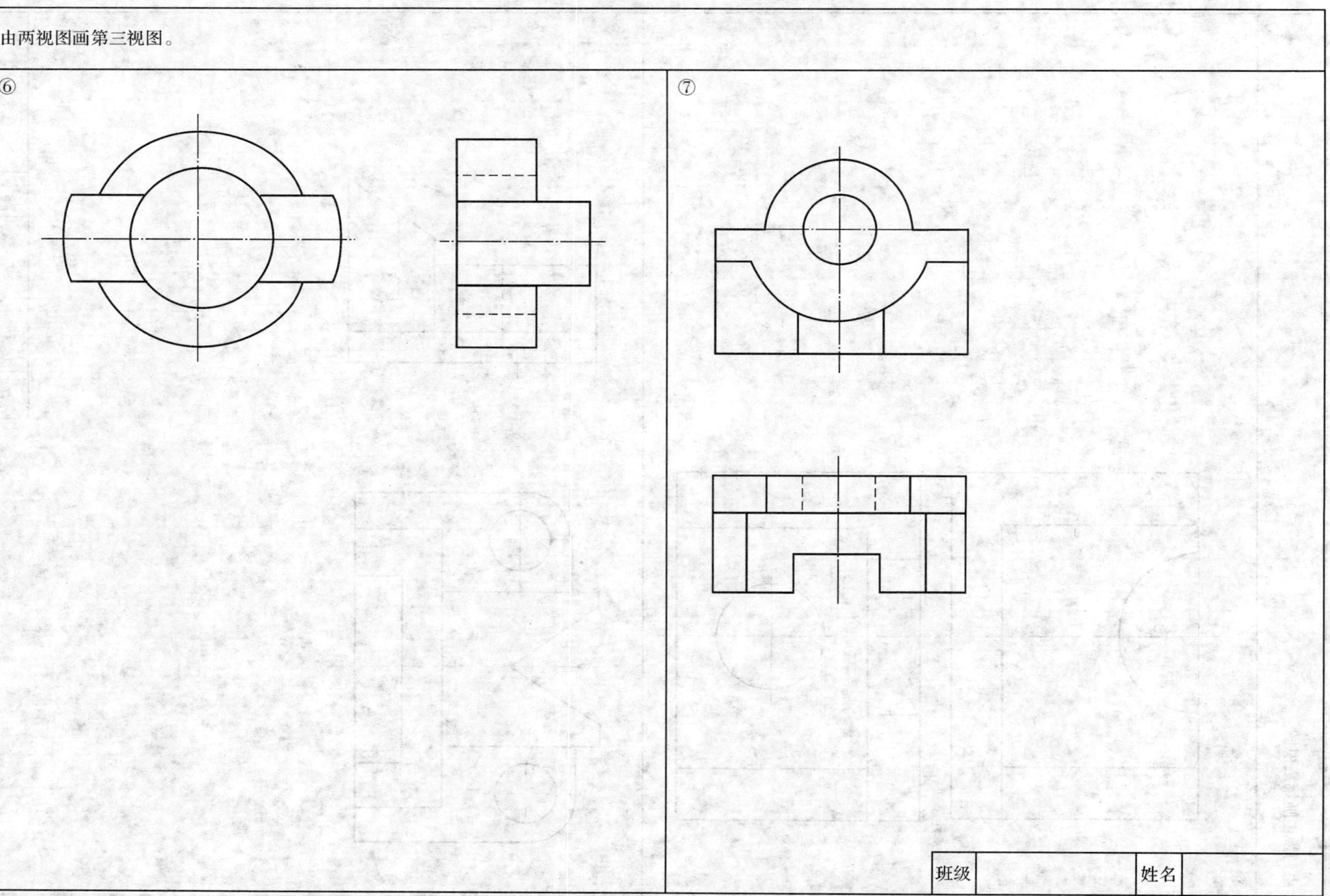

班级 姓名

由两视图画第三视图。

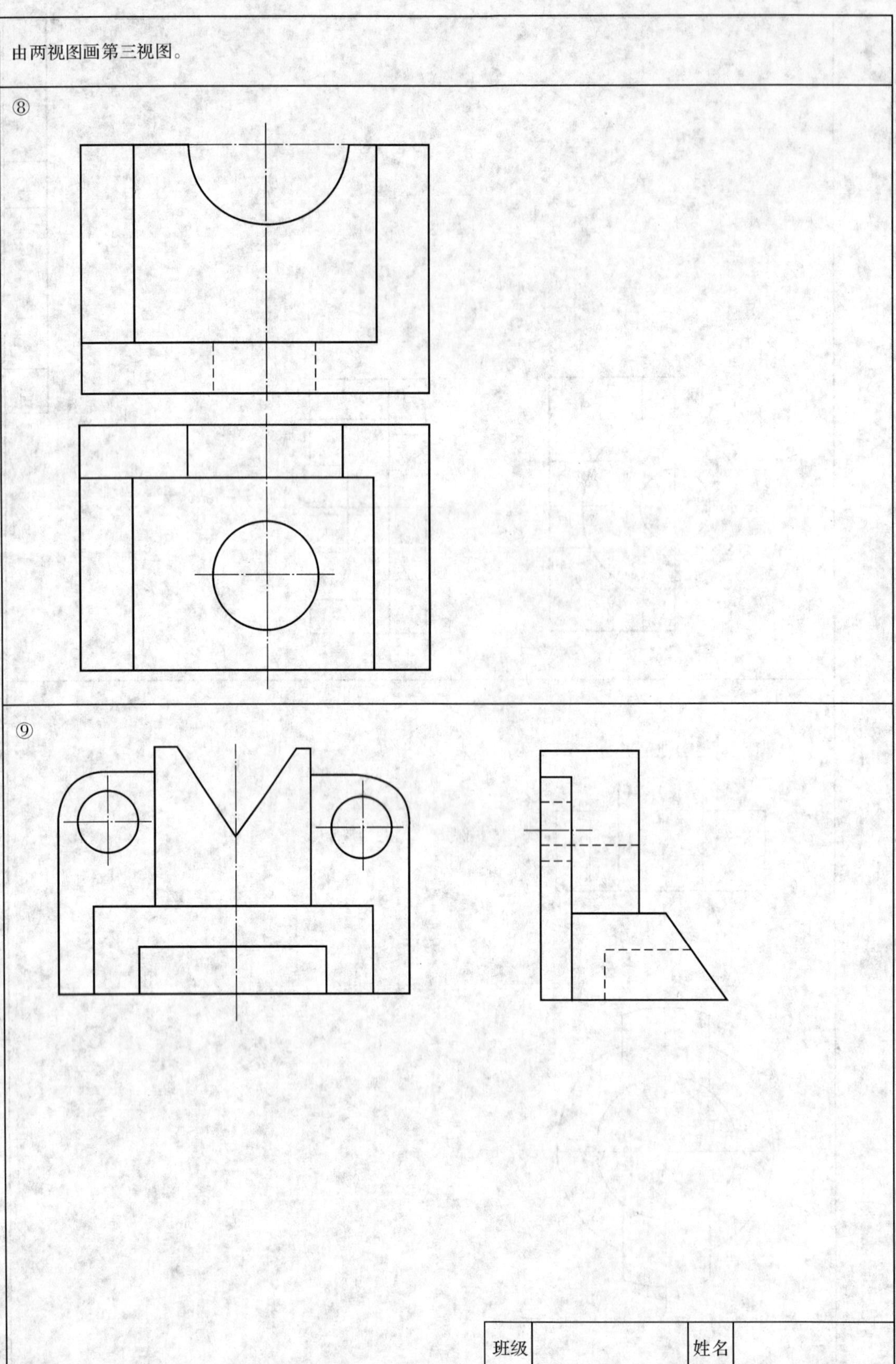

由两视图画第三视图。

⑩

⑪

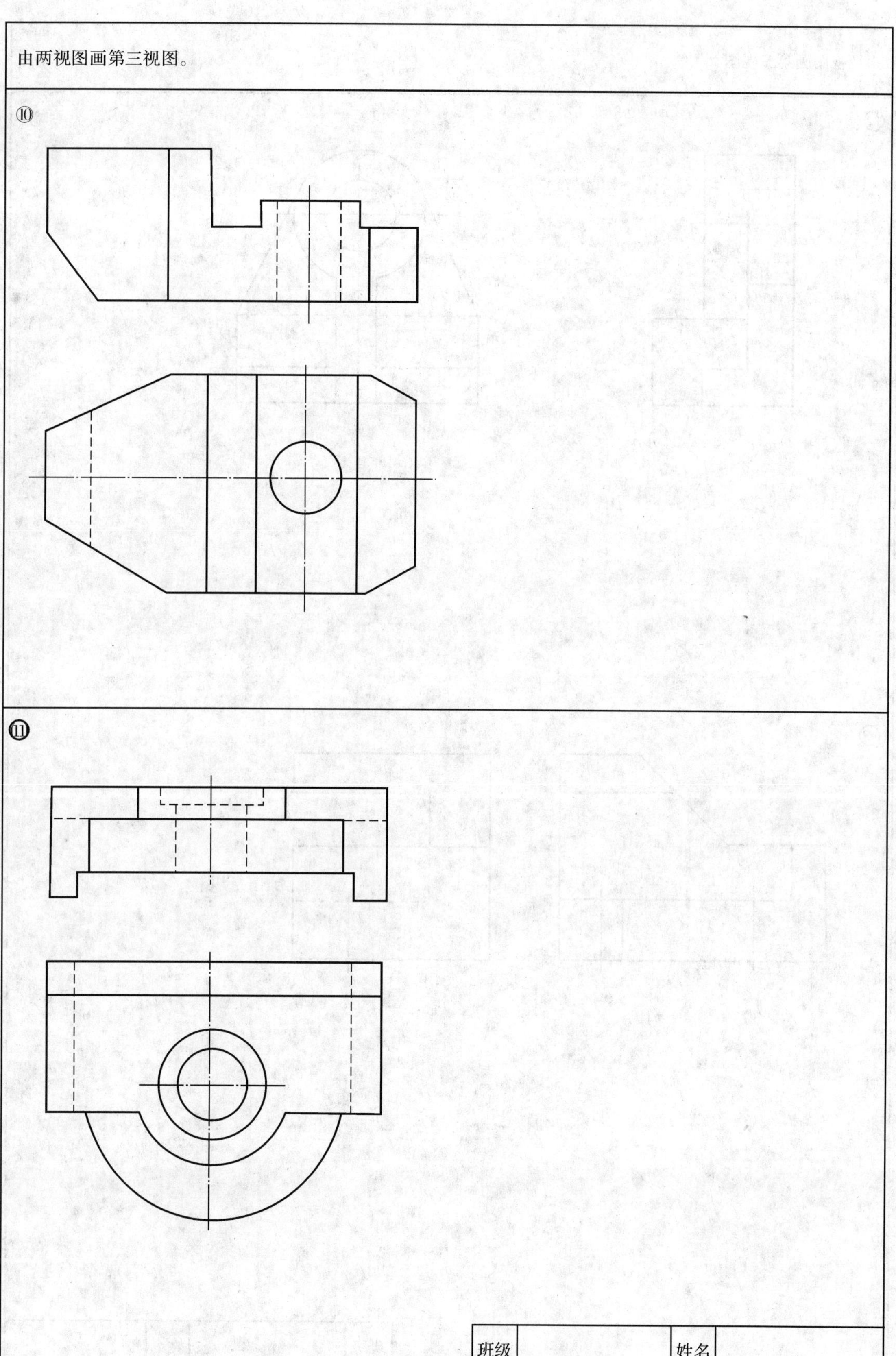

班级		姓名	

由两视图画第三视图。

⑫

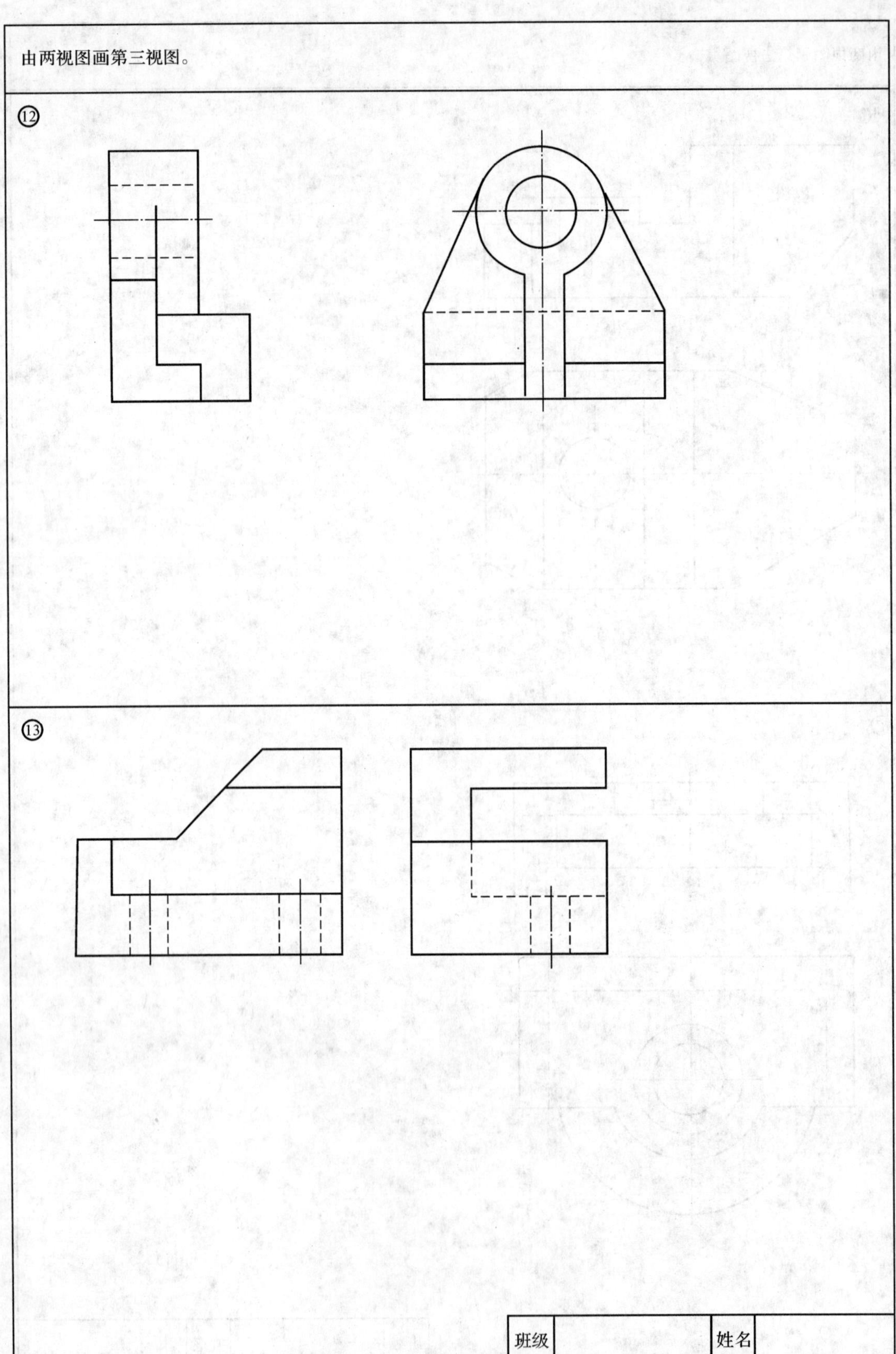

⑬

由两视图画第三视图。

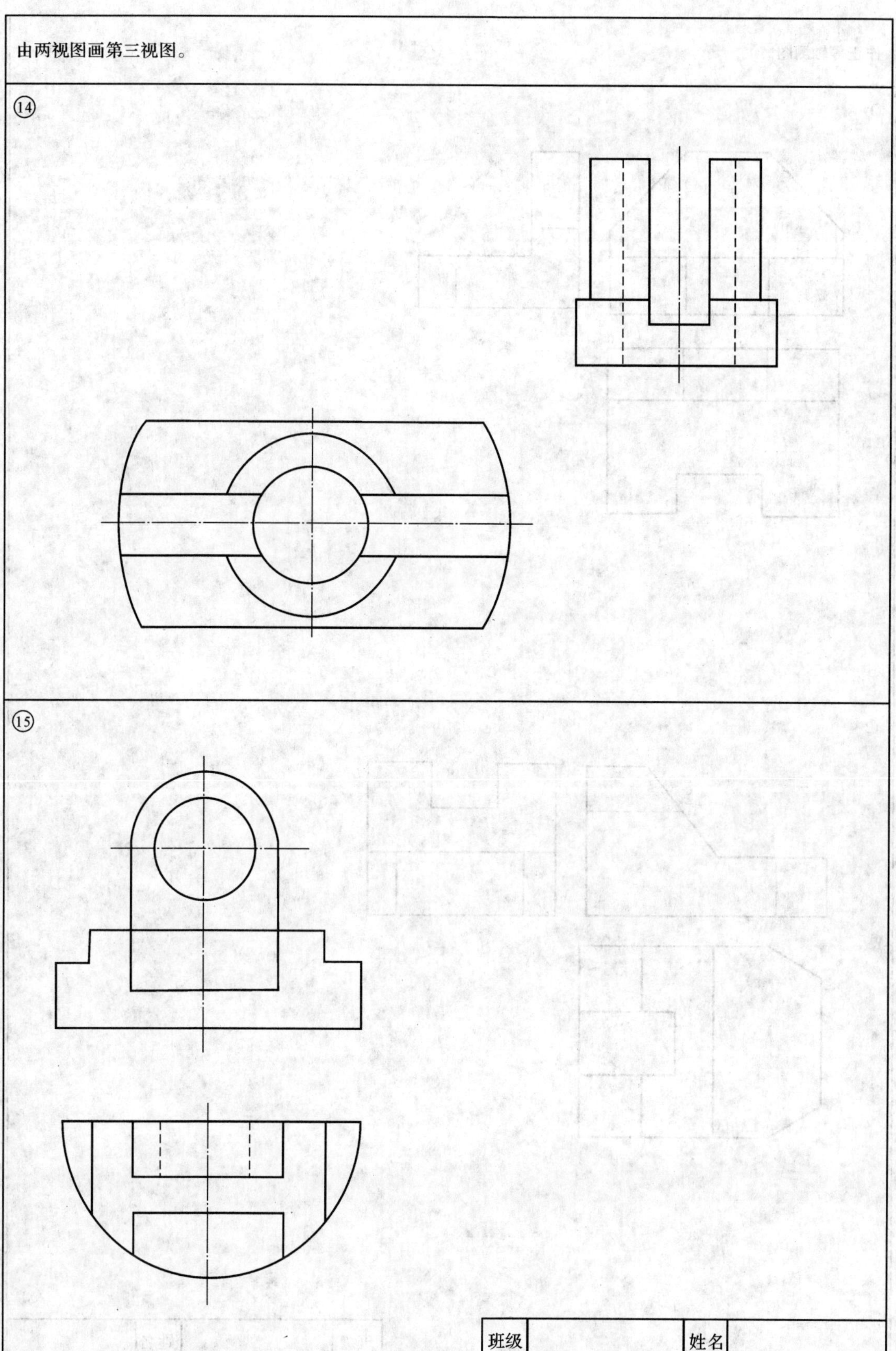

作正等轴测图。

①

②

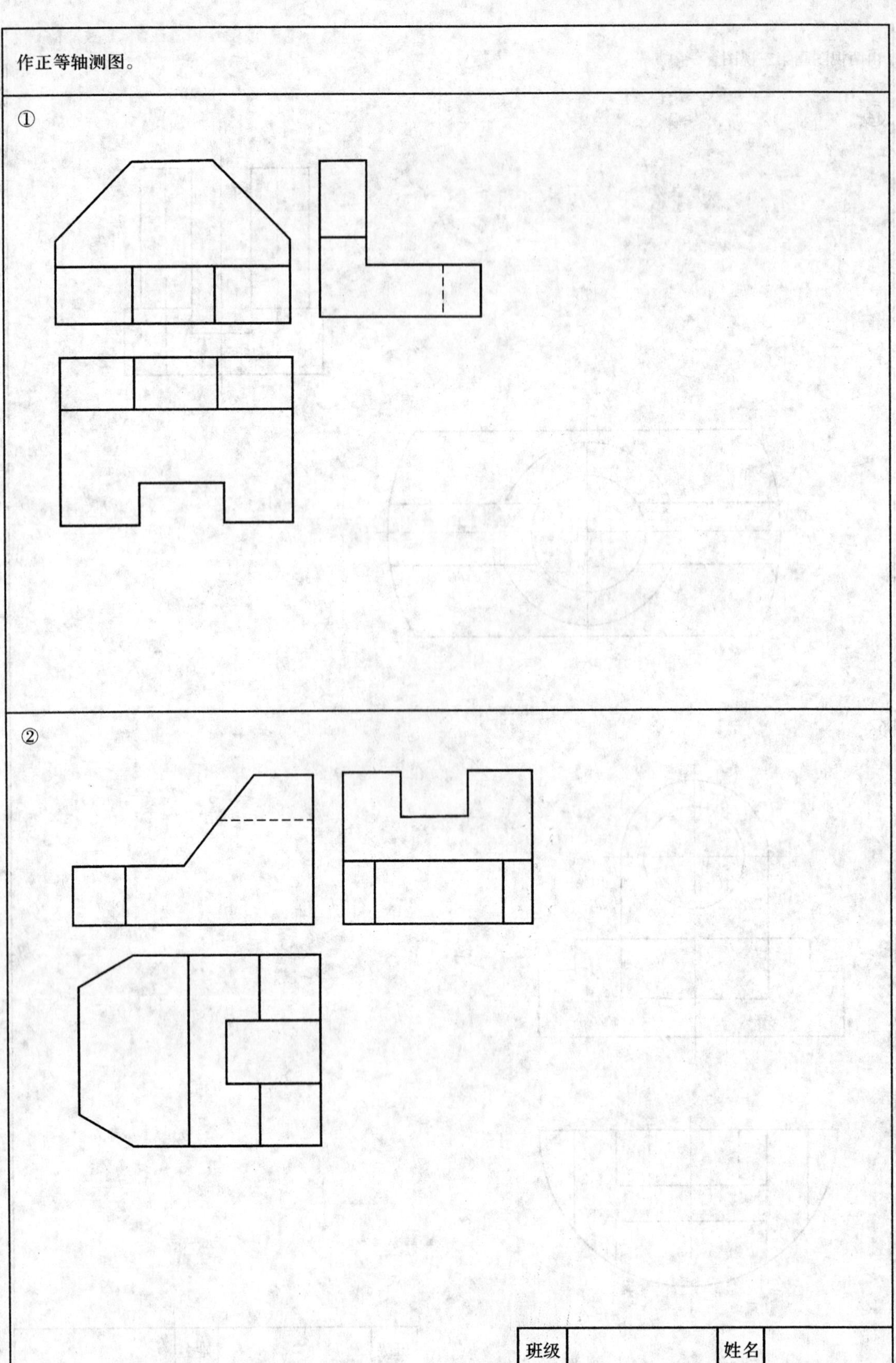

班级 姓名

作正等轴测图。

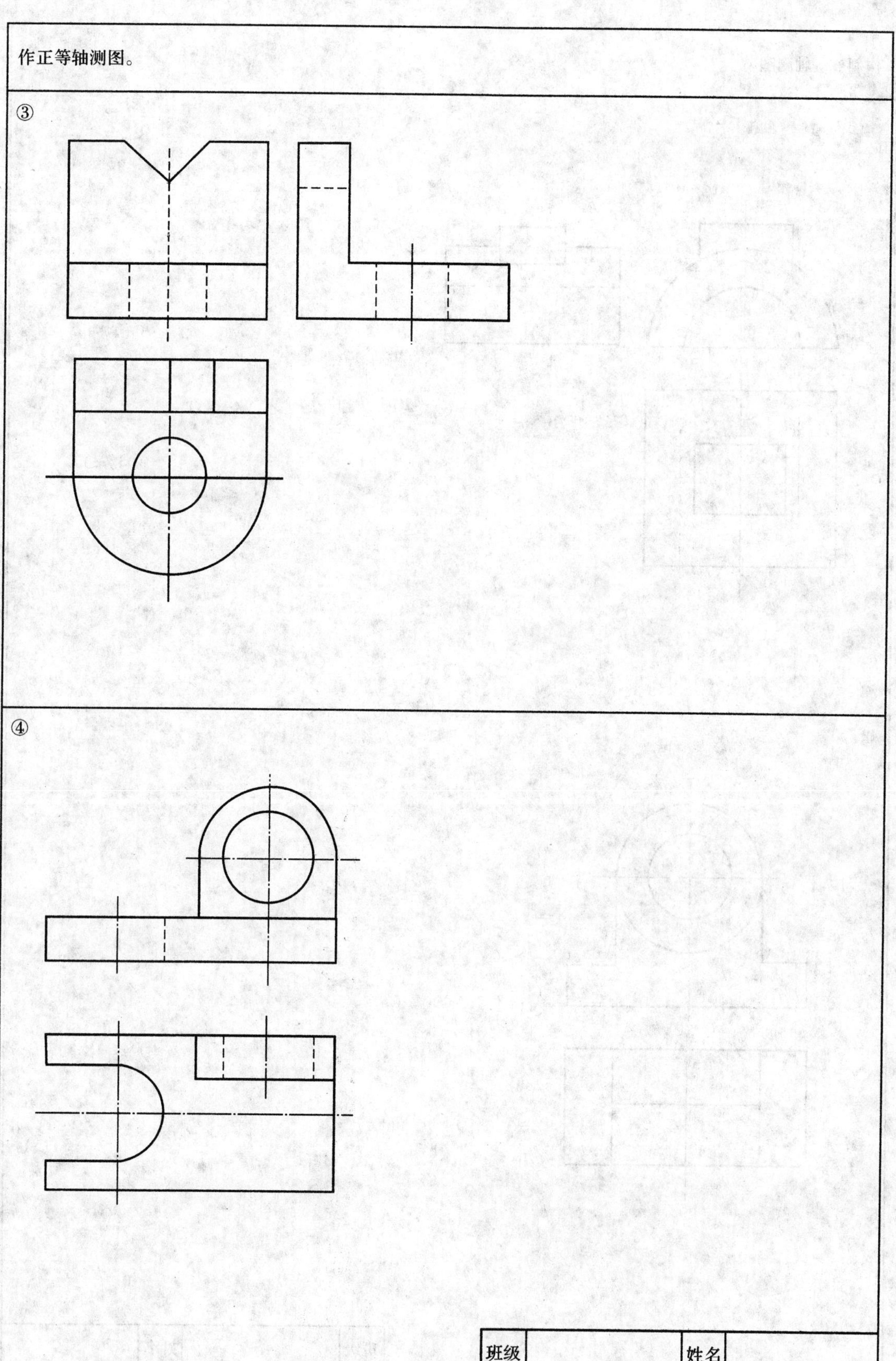

作斜二等轴测图。

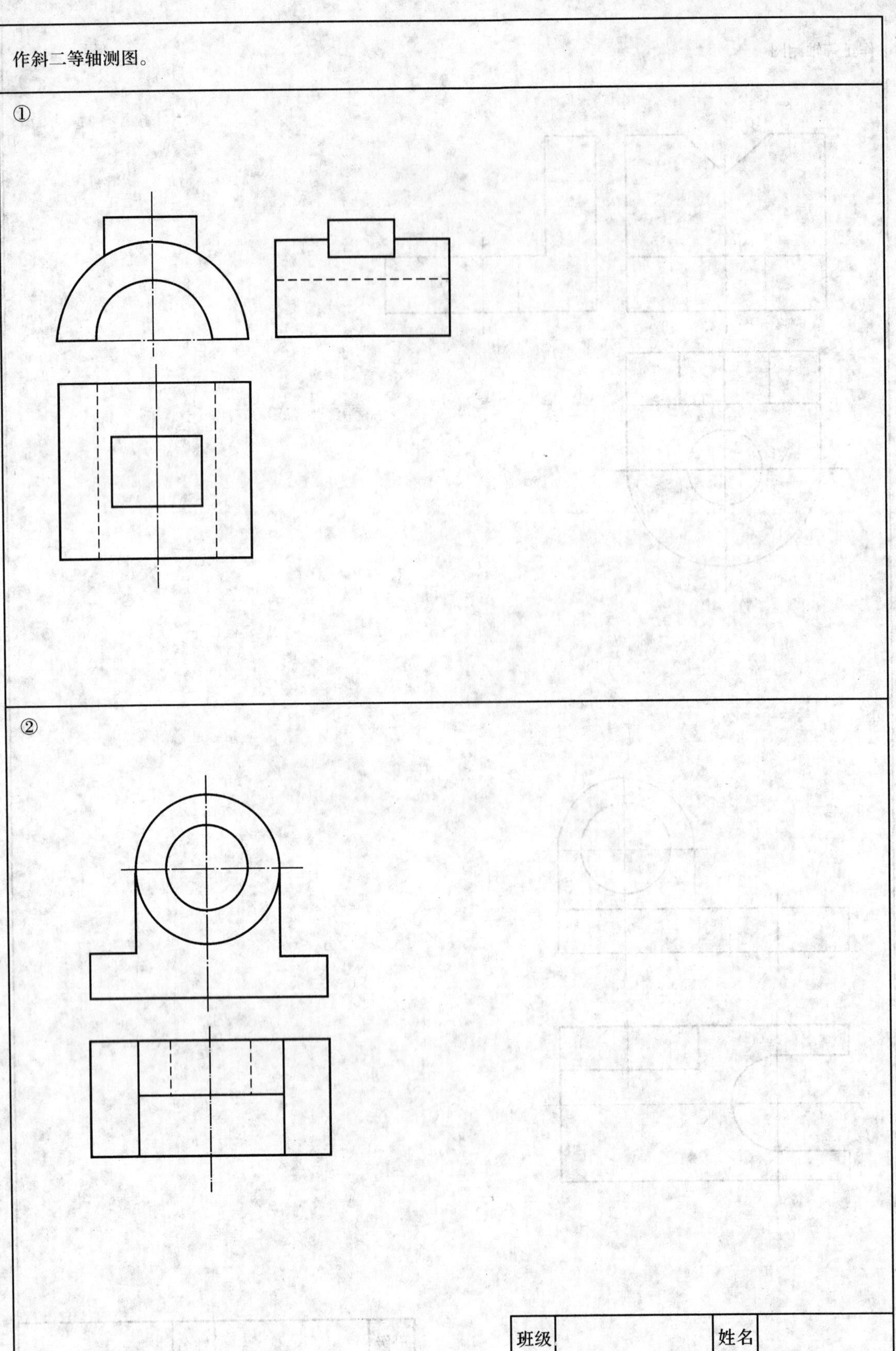

标出下列平面图形的尺寸。

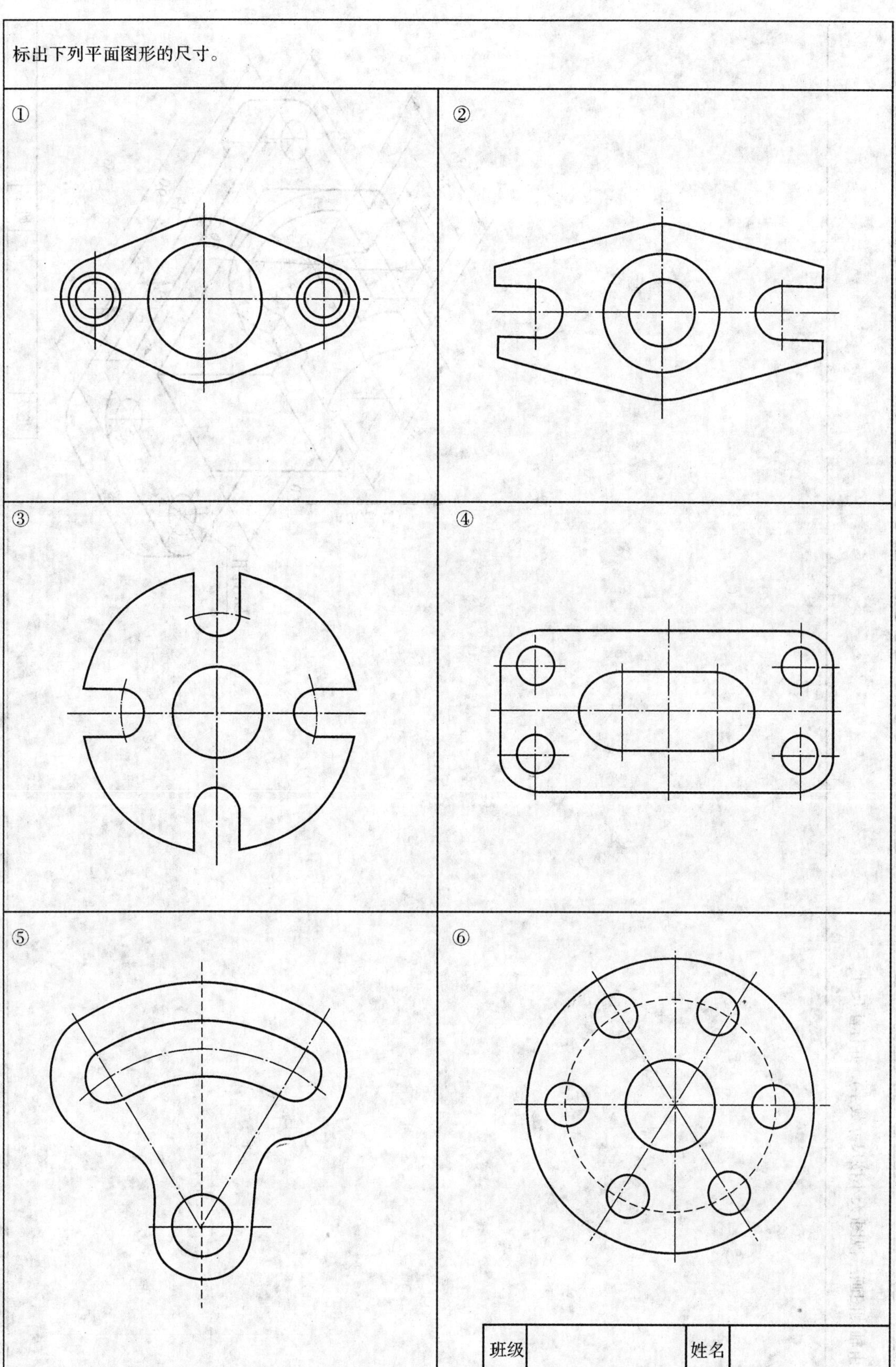

由轴测图画三视图(大小按尺寸数字)，并标注尺寸。

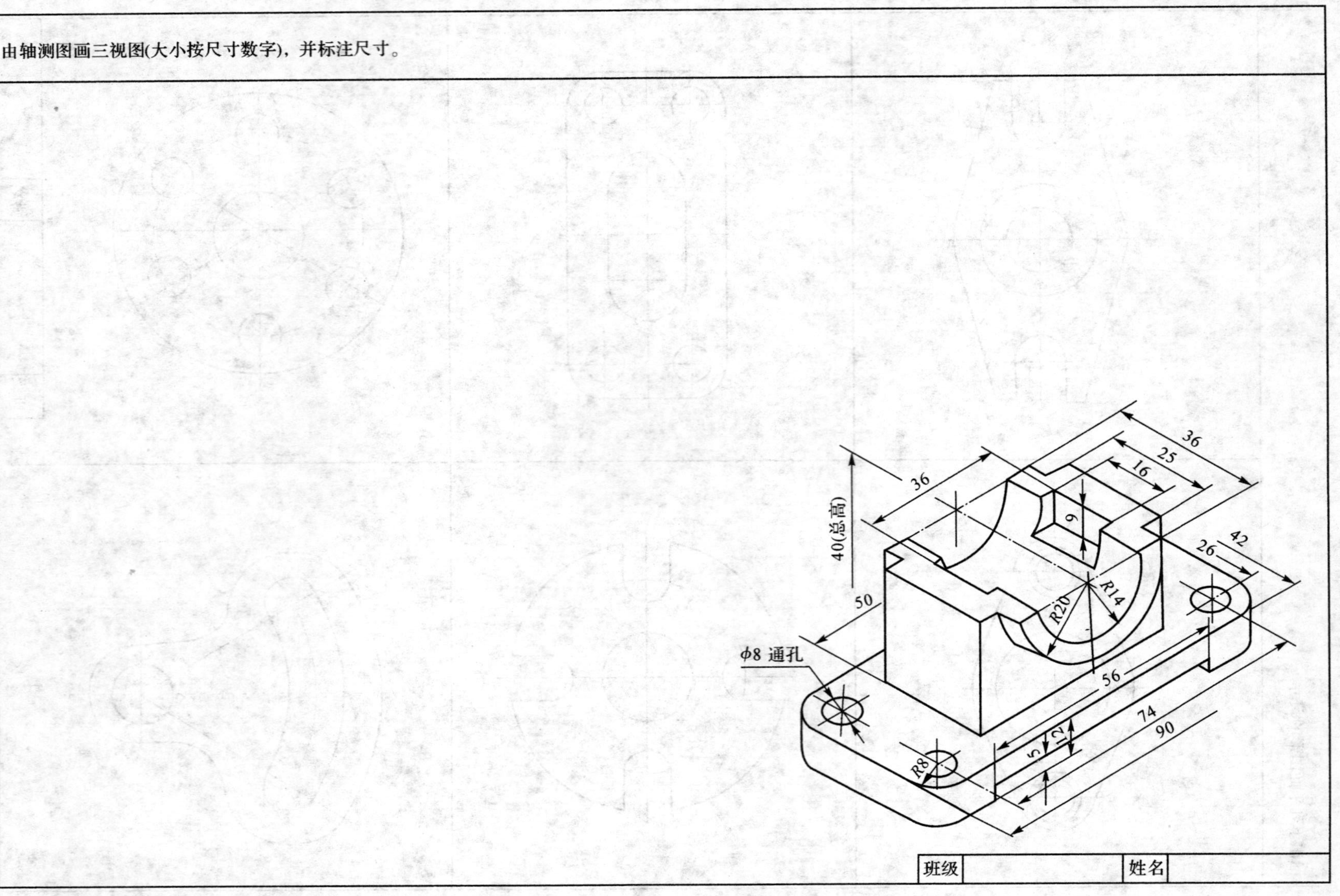

班级　　　　姓名

分析形体，标注尺寸(尺寸数值从图上量取，并取整数)。

①

②

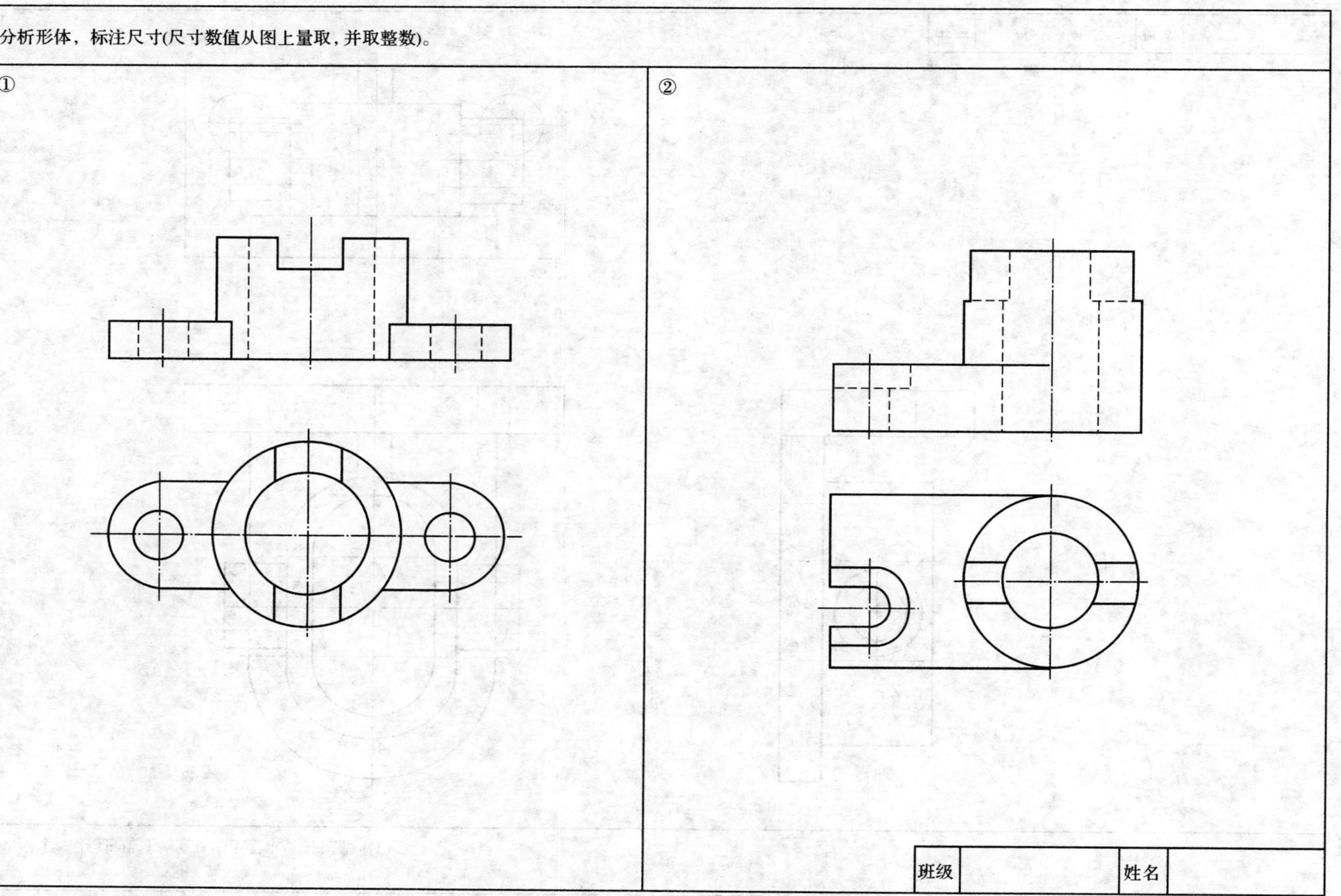

班级		姓名	

分析形体，标注(尺寸数值从图上量取，并区整取)

③

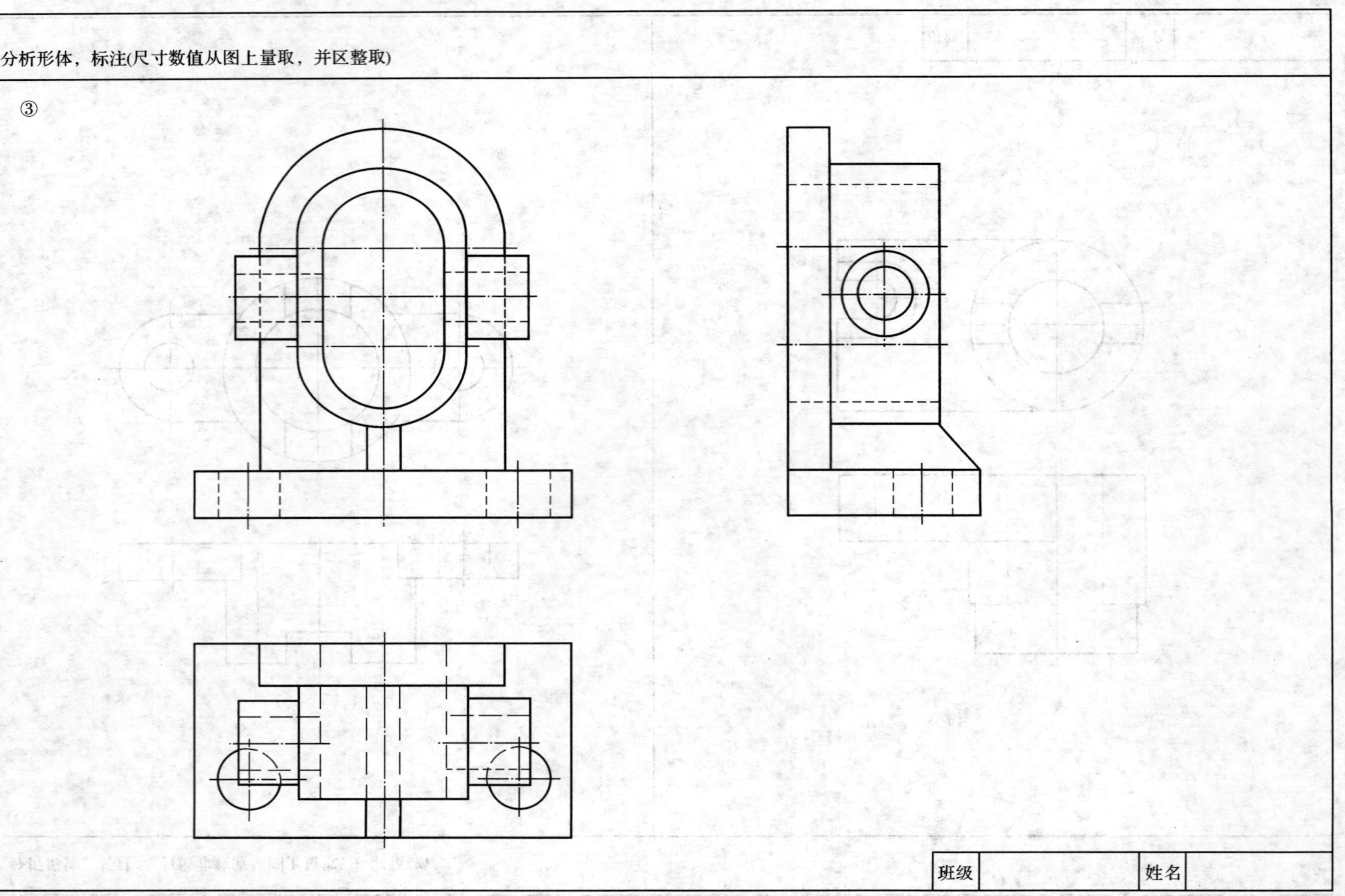

班级　　　　姓名

参考轴测图和视图，在主视图和左视图上补画出恰当的剖视图。

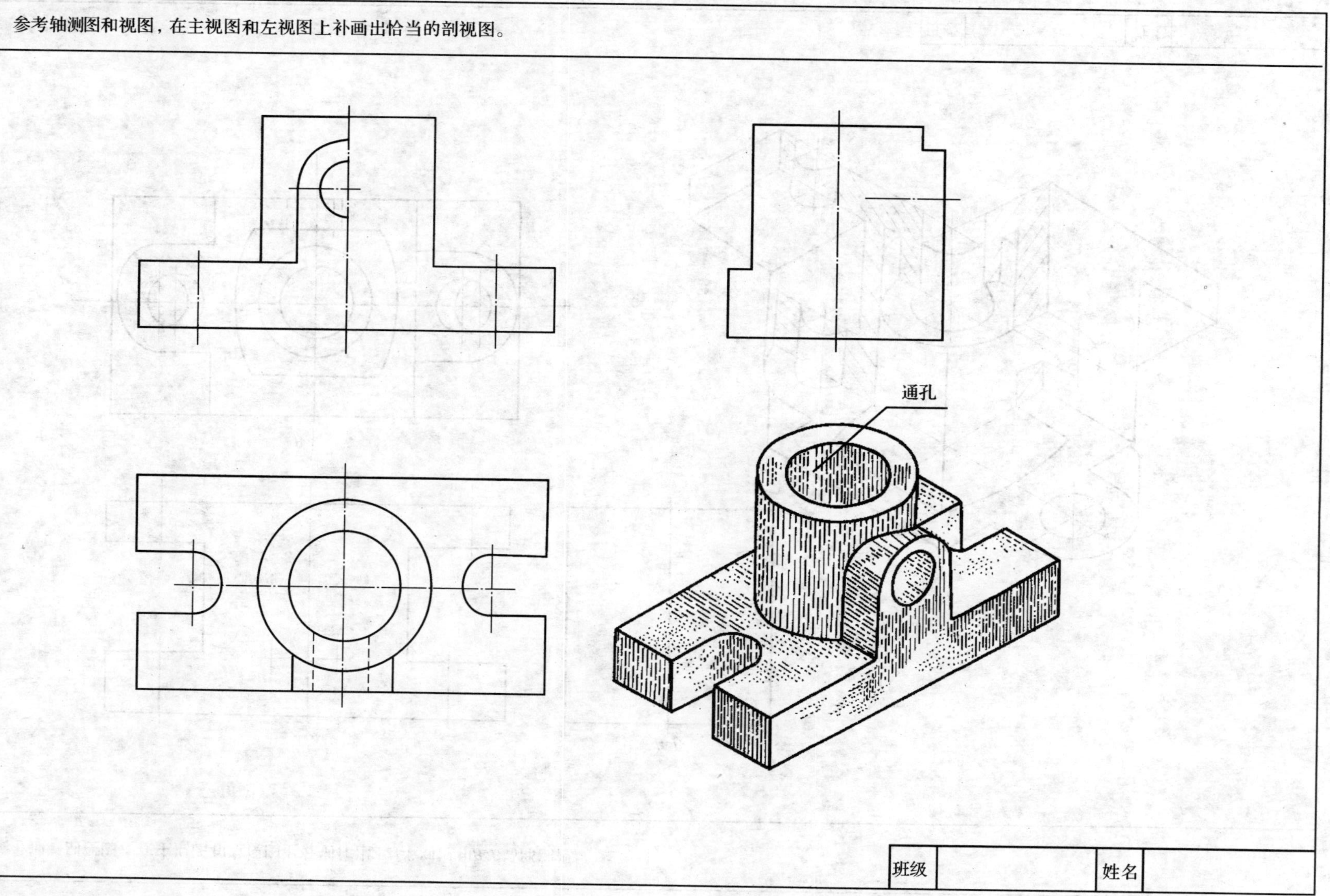

班级　　　　姓名

参考轴测剖视图，在主视图和左视图上分别作出A-A半剖视和B-B局部剖视。

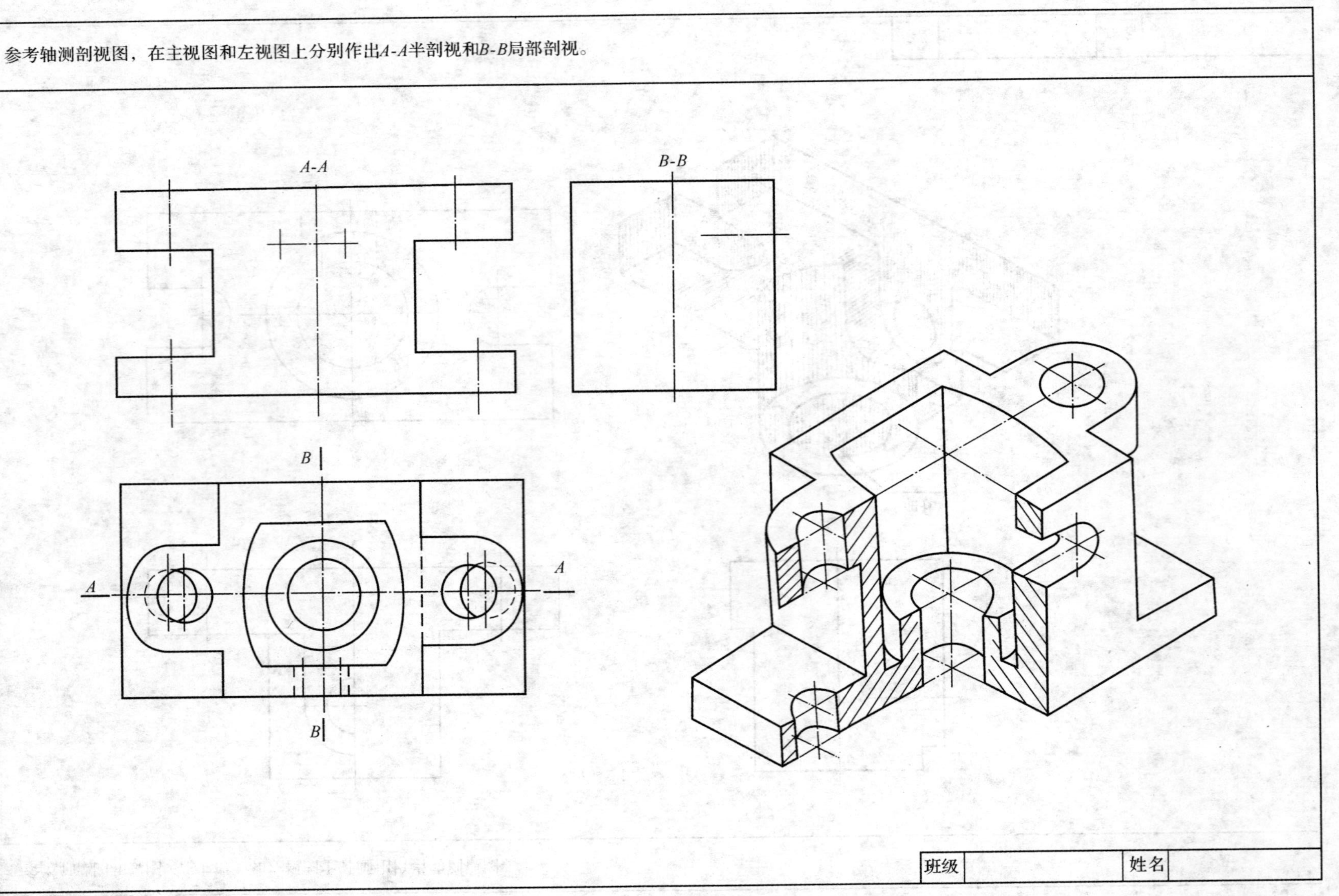

班级　　　　姓名

将主视图作成全剖视。

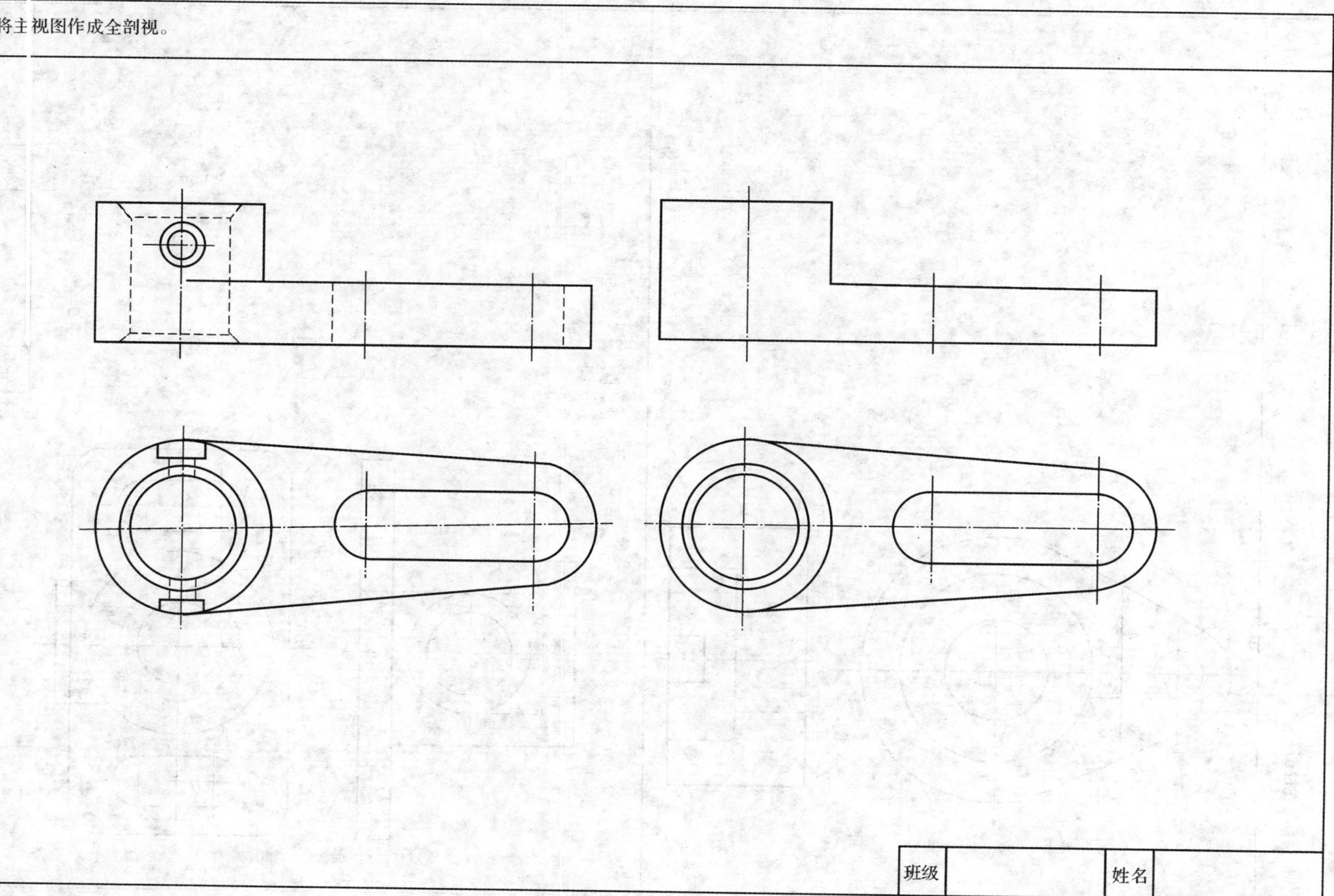

作出全部的左视图。

①

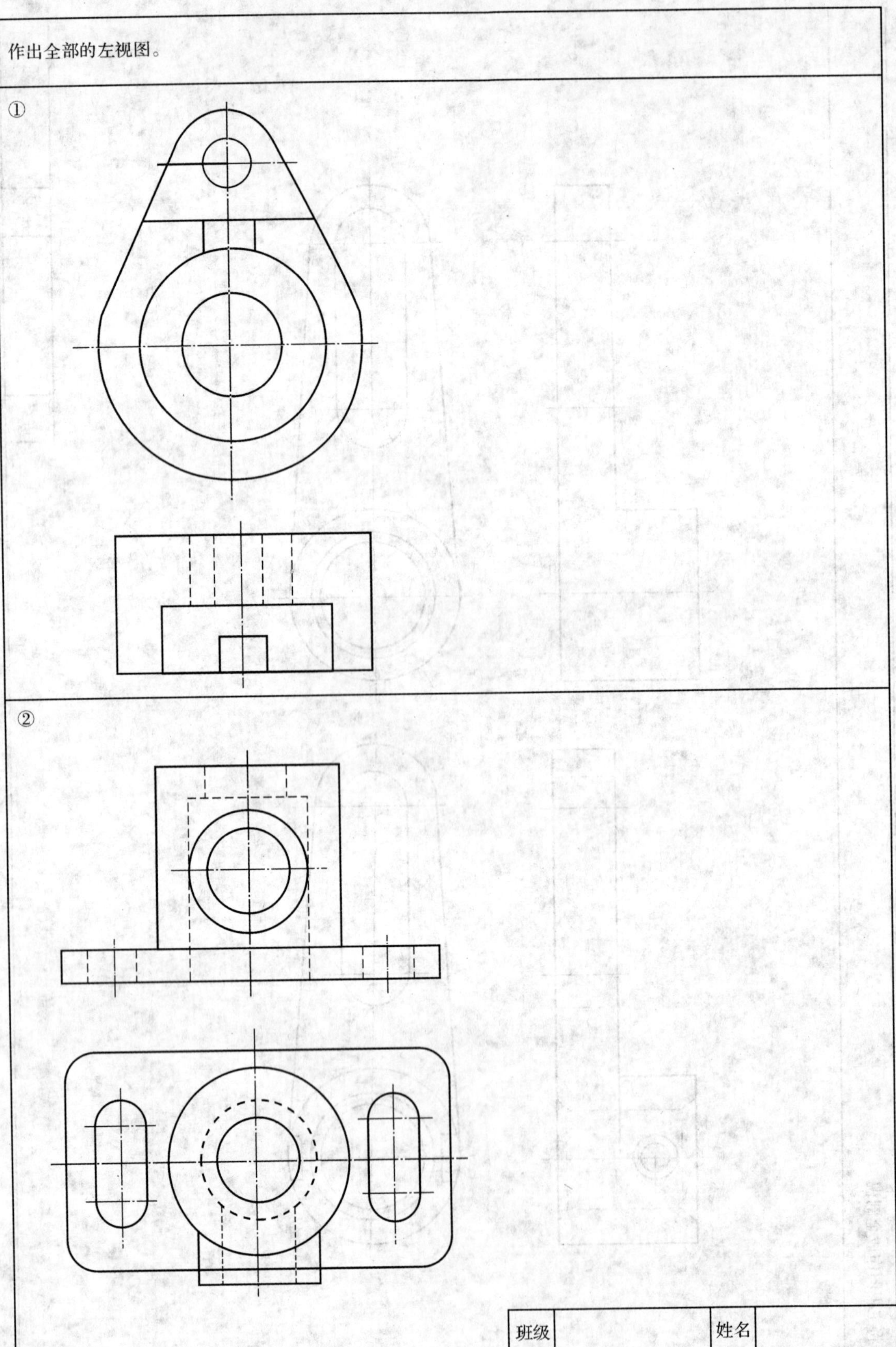

②

班级　　　　姓名

作出半剖的左视图。

①

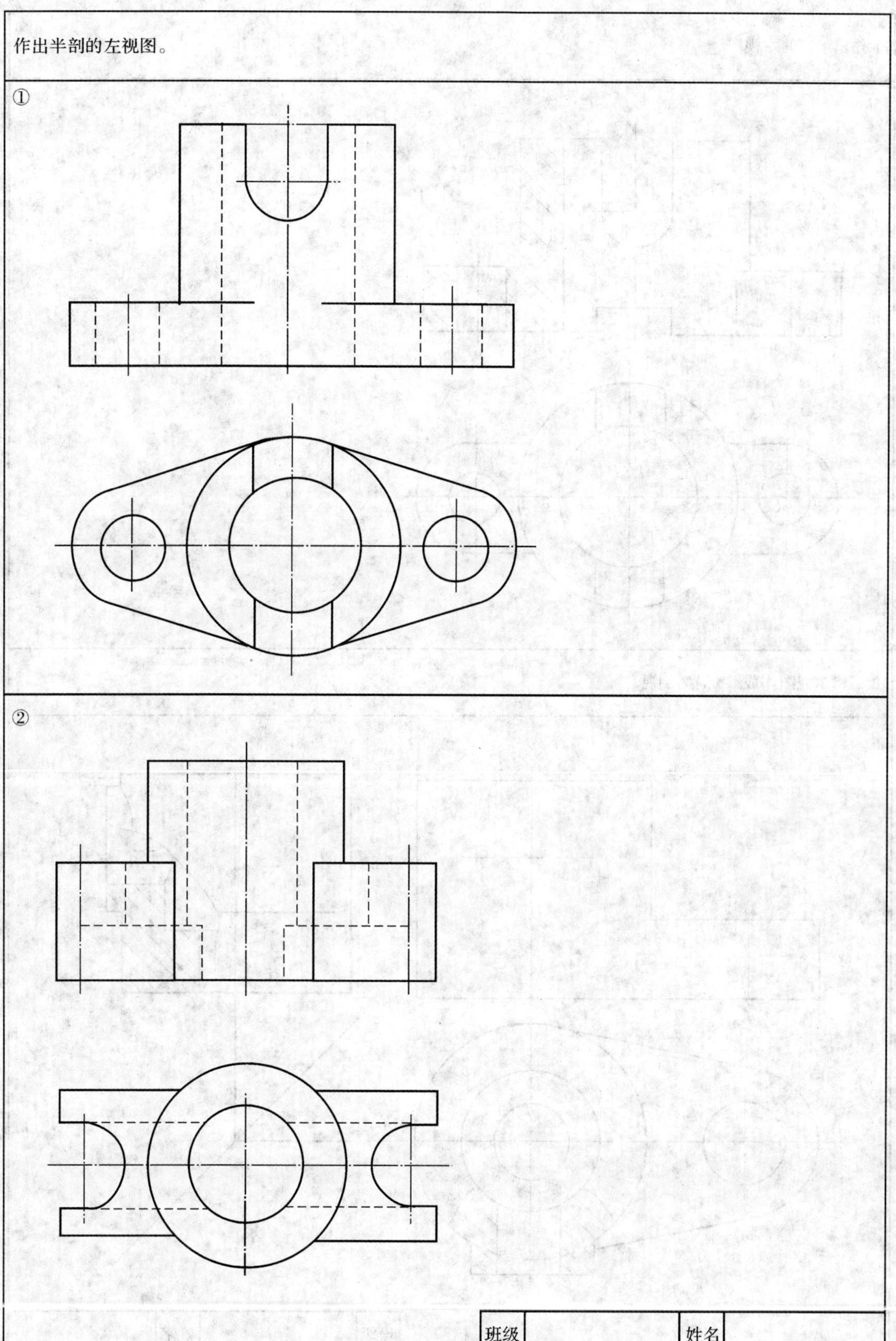

②

班级		姓名	

1.作出半剖的左视图。

2.试将主视图作成A-A局部剖视。

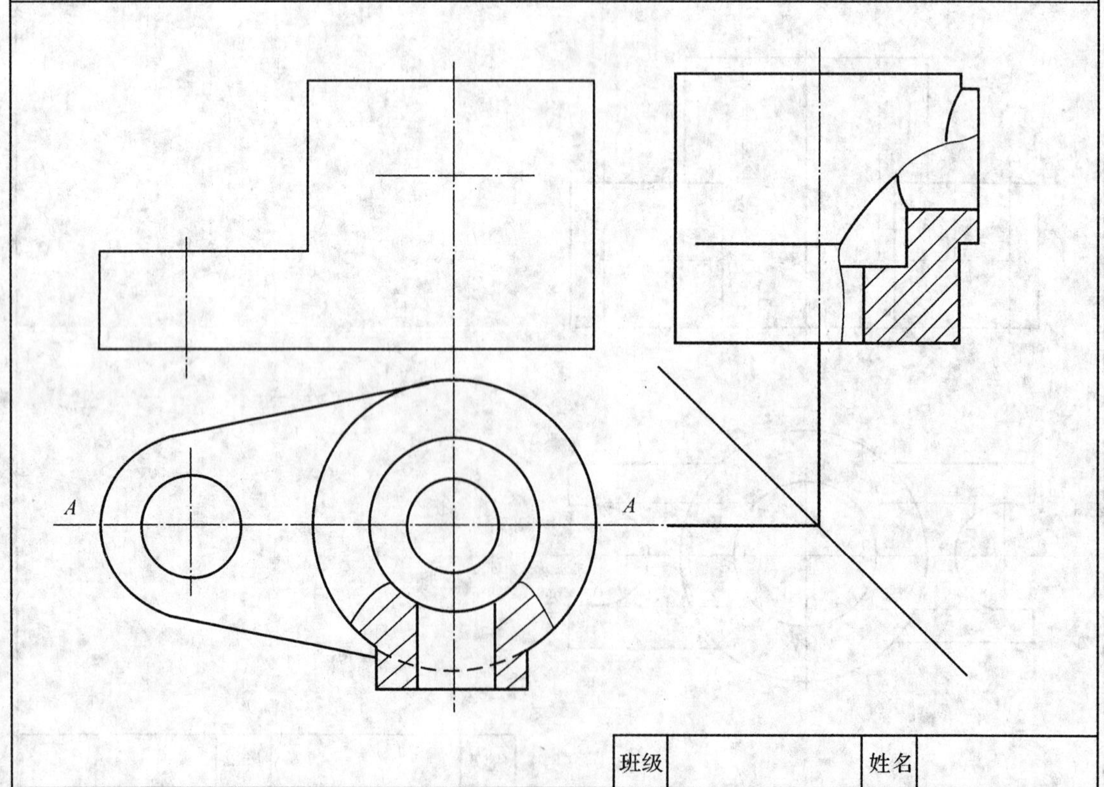

班级		姓名	

1.将俯视图作成局部剖视以表示通孔。

2.将主视图作成$A-A$阶梯全剖视。

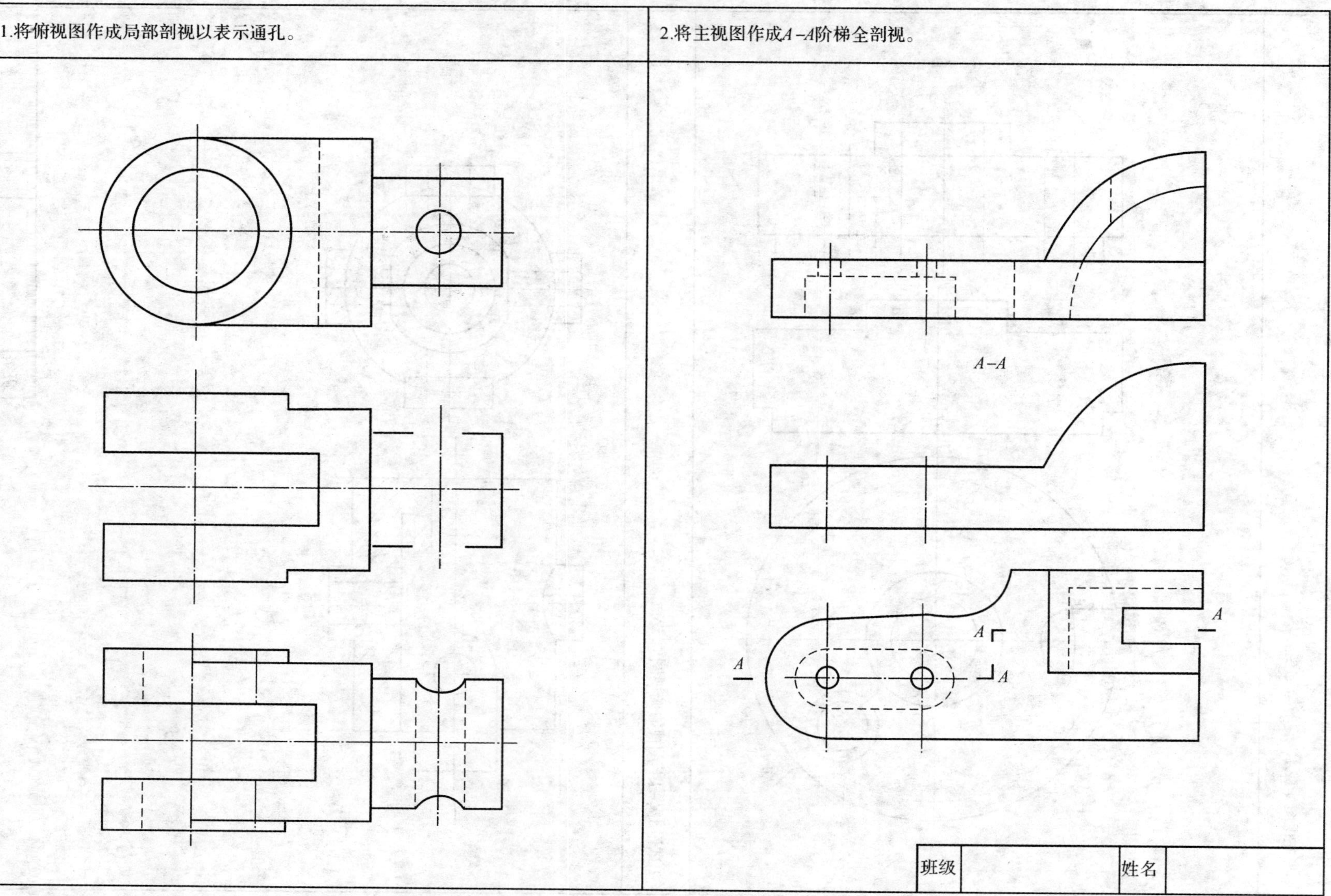

1.将左视图作成*A*-*A*旋转全剖视。

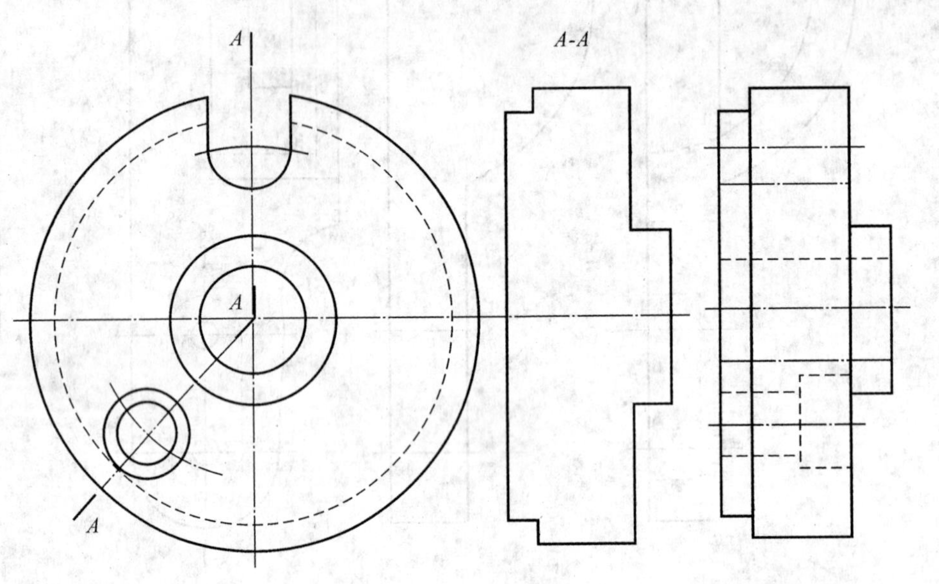

2.试作出*A*–*A*半剖视的俯视图。

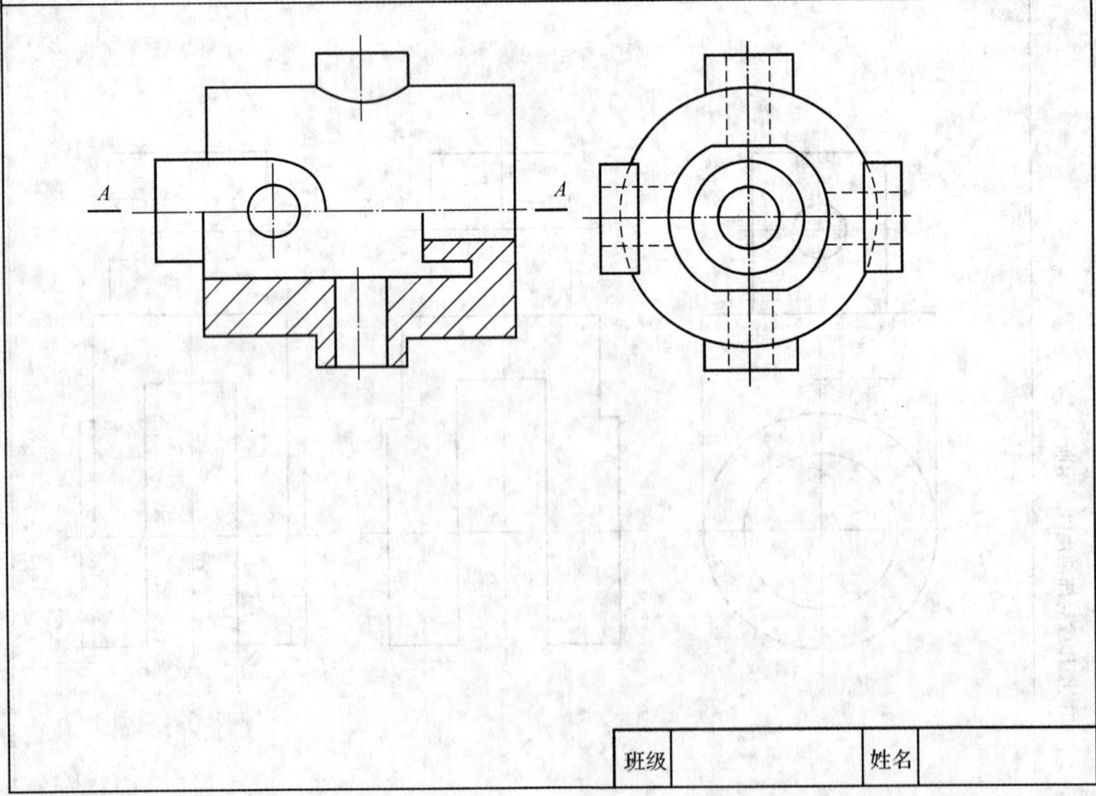

班级		姓名	

1.作出半剖的主视图。

2.作出B-B阶梯全剖主视图。

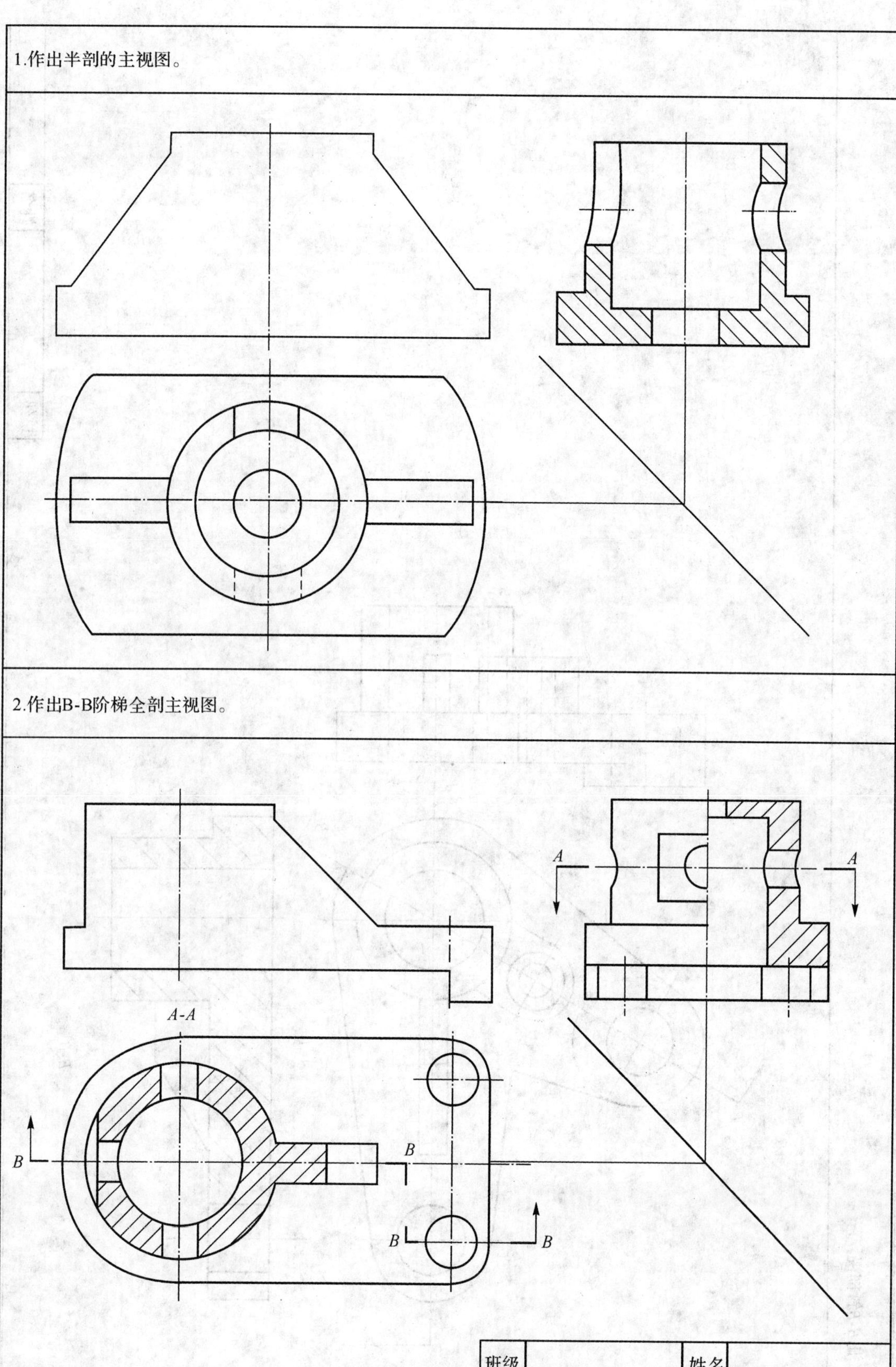

作出*B-B*斜剖视。

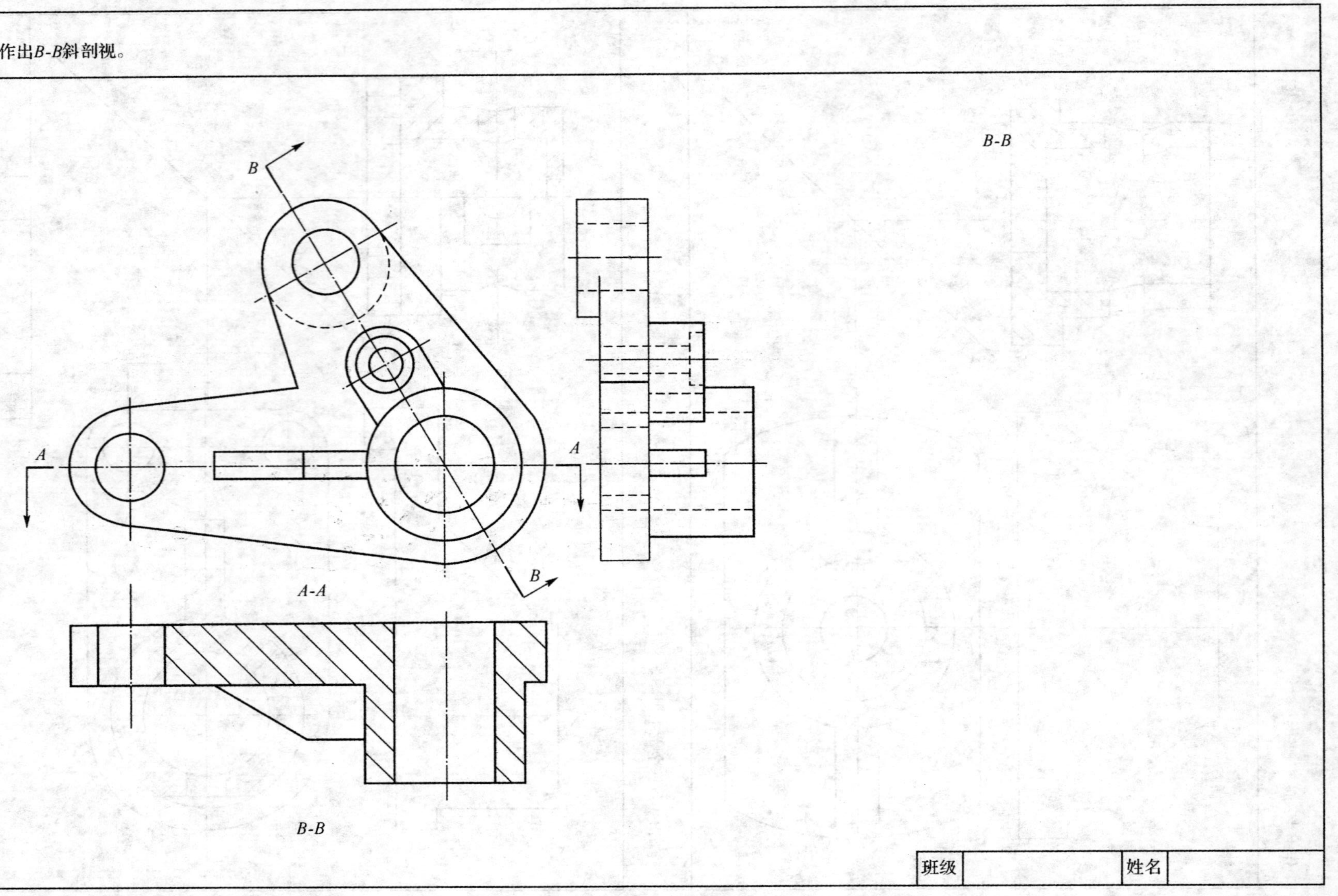

班级		姓名	

1.按视图上的标注，试作出两个移出剖面。

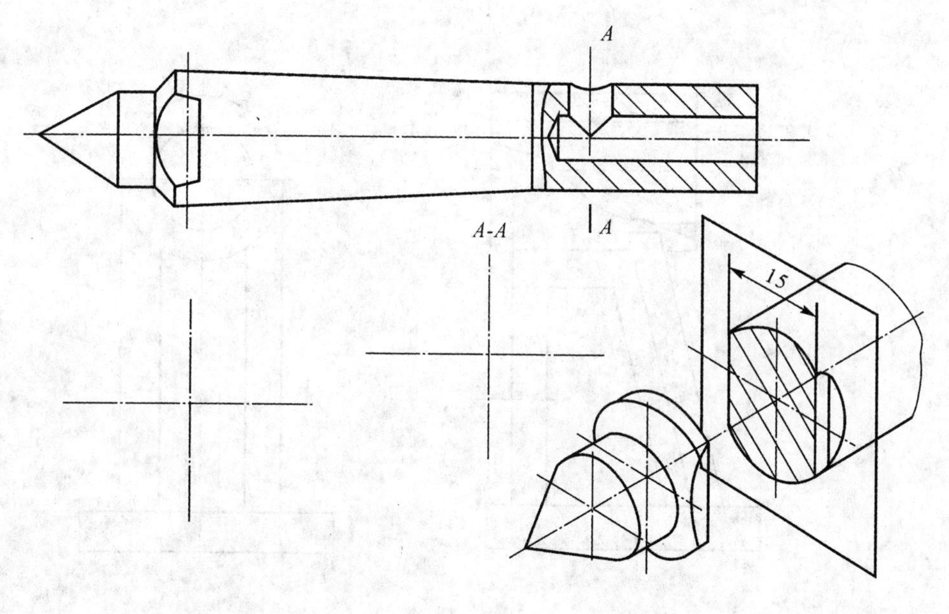

2.作出肋的重合剖面。

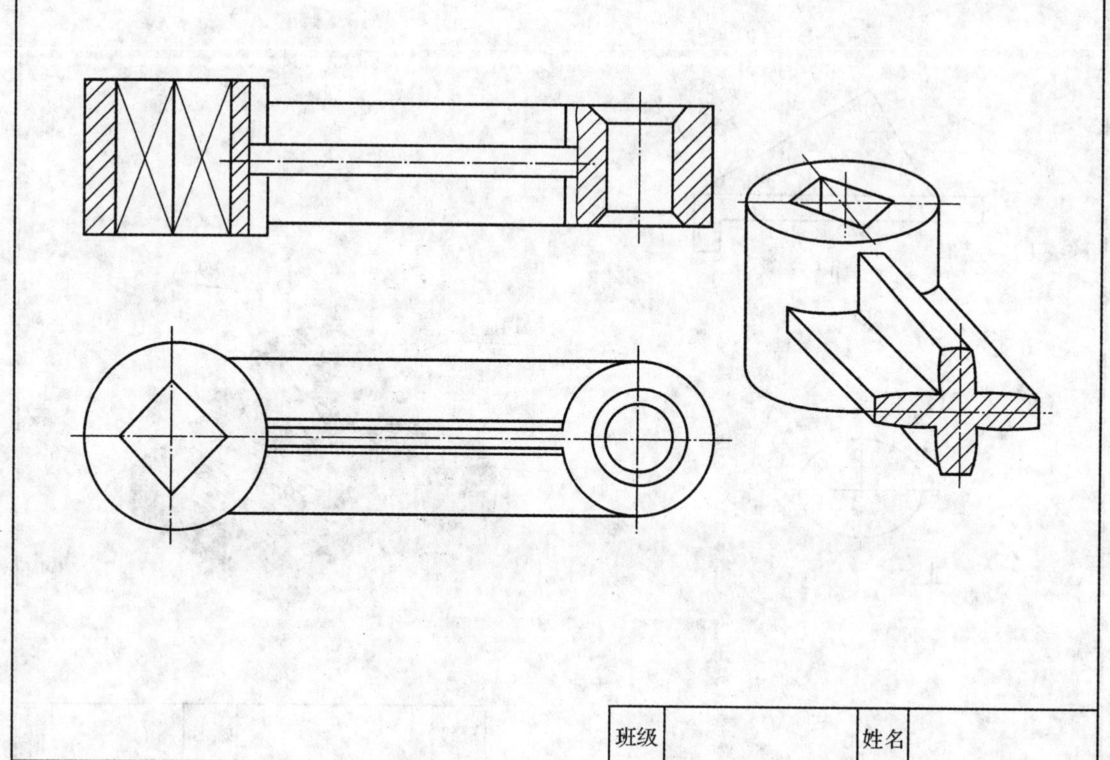

班级		姓名	

1.作出肋的剖面图(移出剖面或重合剖面)。

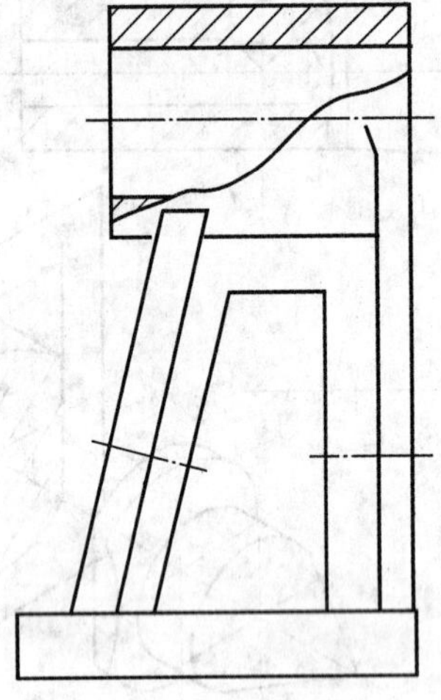

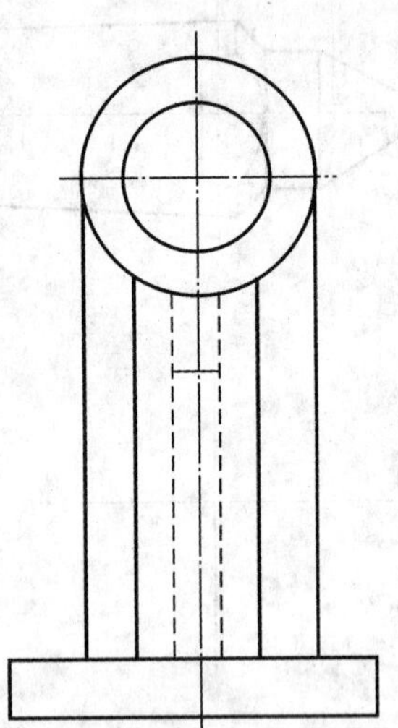

2.根据已知图形，作出A向斜视图和B向局部视图。

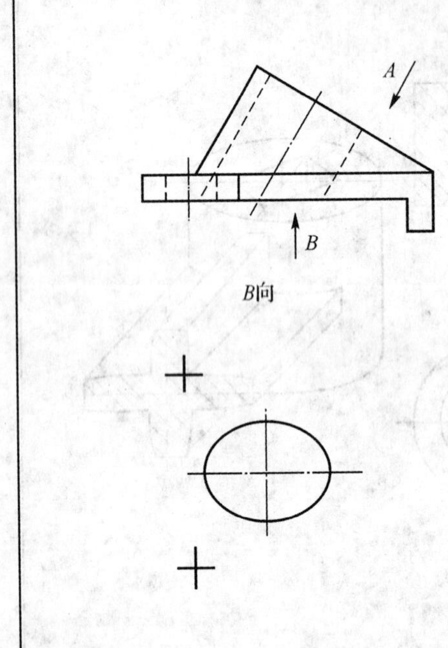

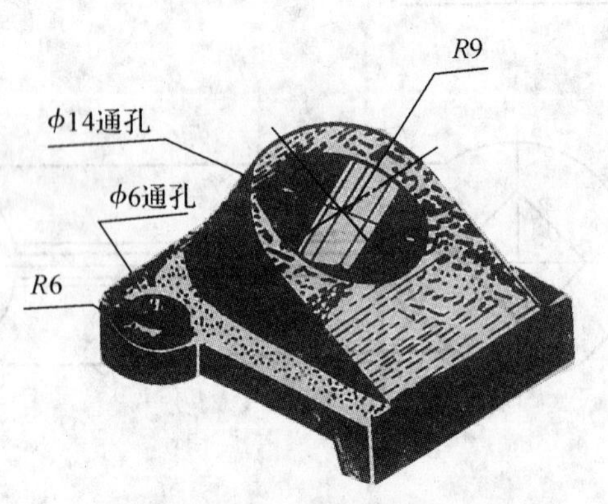

班级		姓名	

按轴测图所给尺寸补全主视图，并将沉孔 ϕ12作局部剖视表示。运用旋转视图画全俯视图。

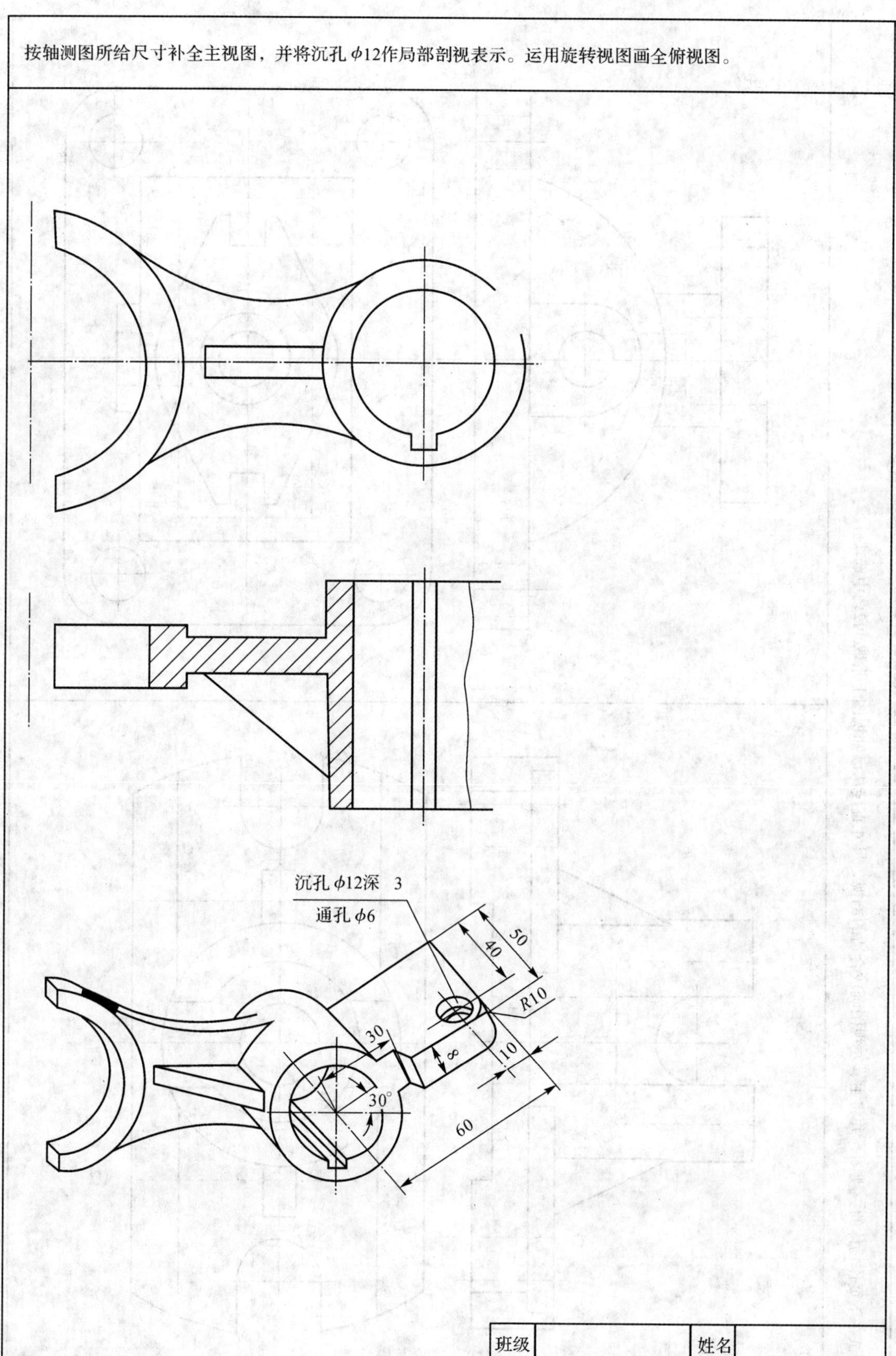

班级　　　　　　姓名

试在下页作物体的三视图，并将主、左视图画成合适的剖视，尺寸直接从已知视图上量取(可2题中选1题)

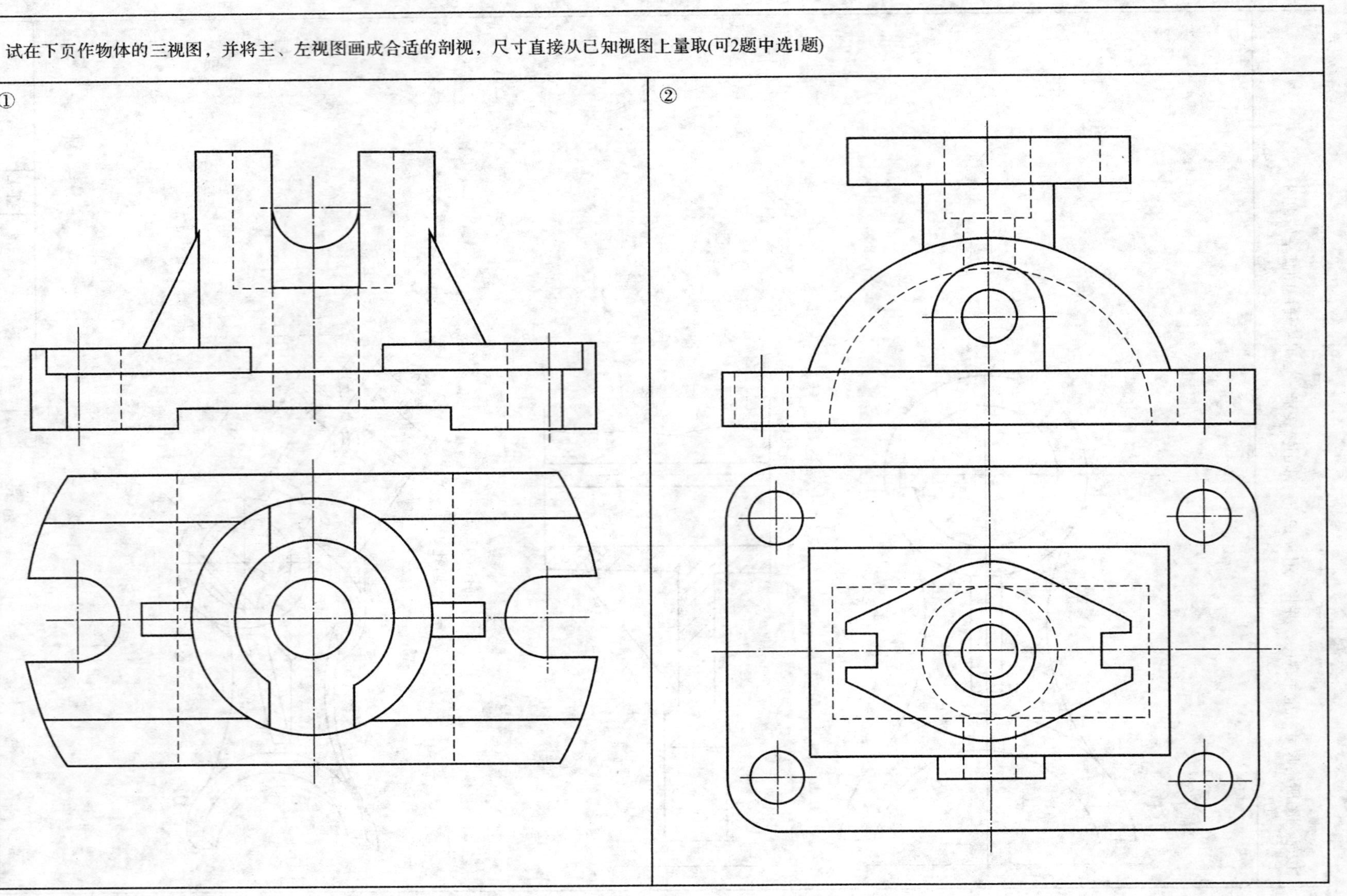

班级

姓名

1.由表中的螺纹代号，查出螺纹各要素的数值。

螺纹标记	表示什么螺纹	螺纹公称直径	螺纹小径	螺距	导程	线数	旋向	其他
M16—7H								(公差带代号)
M30×2—5g6g								(公差带代号)
Tr40×14(P7)LH(外螺纹)								
Tr40×7(内螺纹)								
G3/4								(每英寸牙数)

2.画出螺纹并在视图上标注螺纹的规定代号。

①梯形螺纹，大径18mm,导程8mm,线数2，左旋。

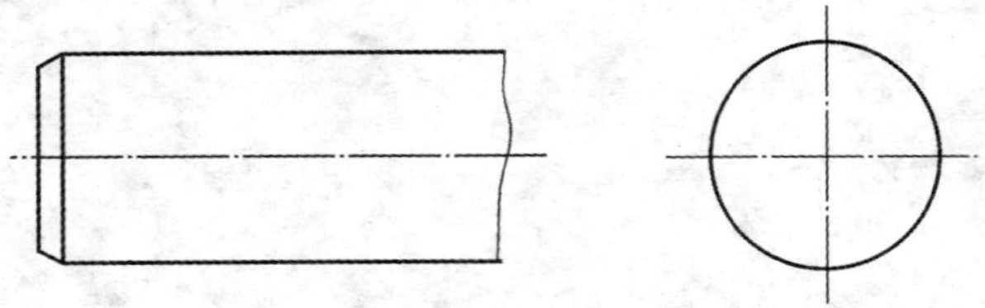

②粗牙普通螺纹，大径18mm, 螺距 2.5mm, 螺纹长度 30mm

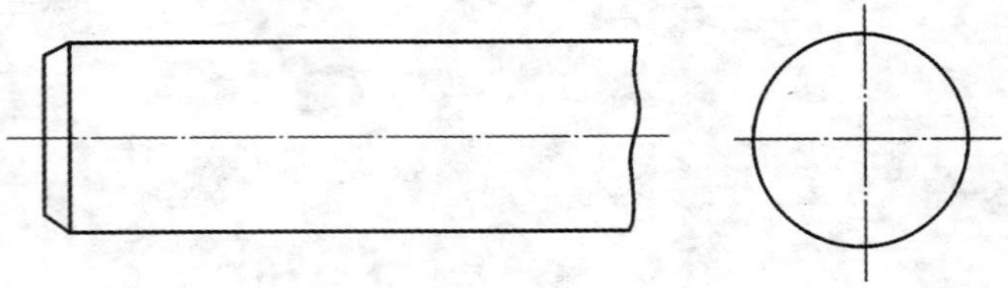

③细牙普通螺纹，大径12mm,螺距1mm,螺纹长度26mm。

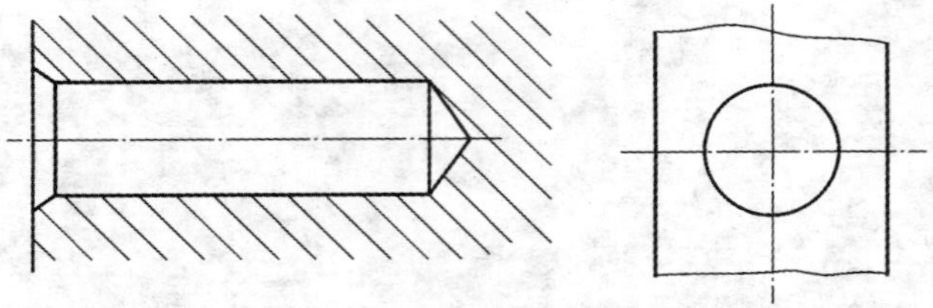

④非螺纹密封的管螺纹密封的管螺纹，公称直径1/2英寸，B级，右旋，螺纹长度30mm。

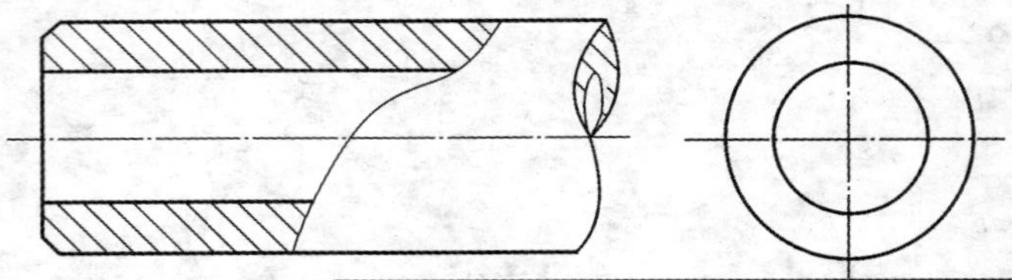

班级		姓名	

1.分析下列图中的错误，在其下方画正确的图形。

2.画内、外螺纹的连接图，旋合长度为15mm，并作A—A剖面图。

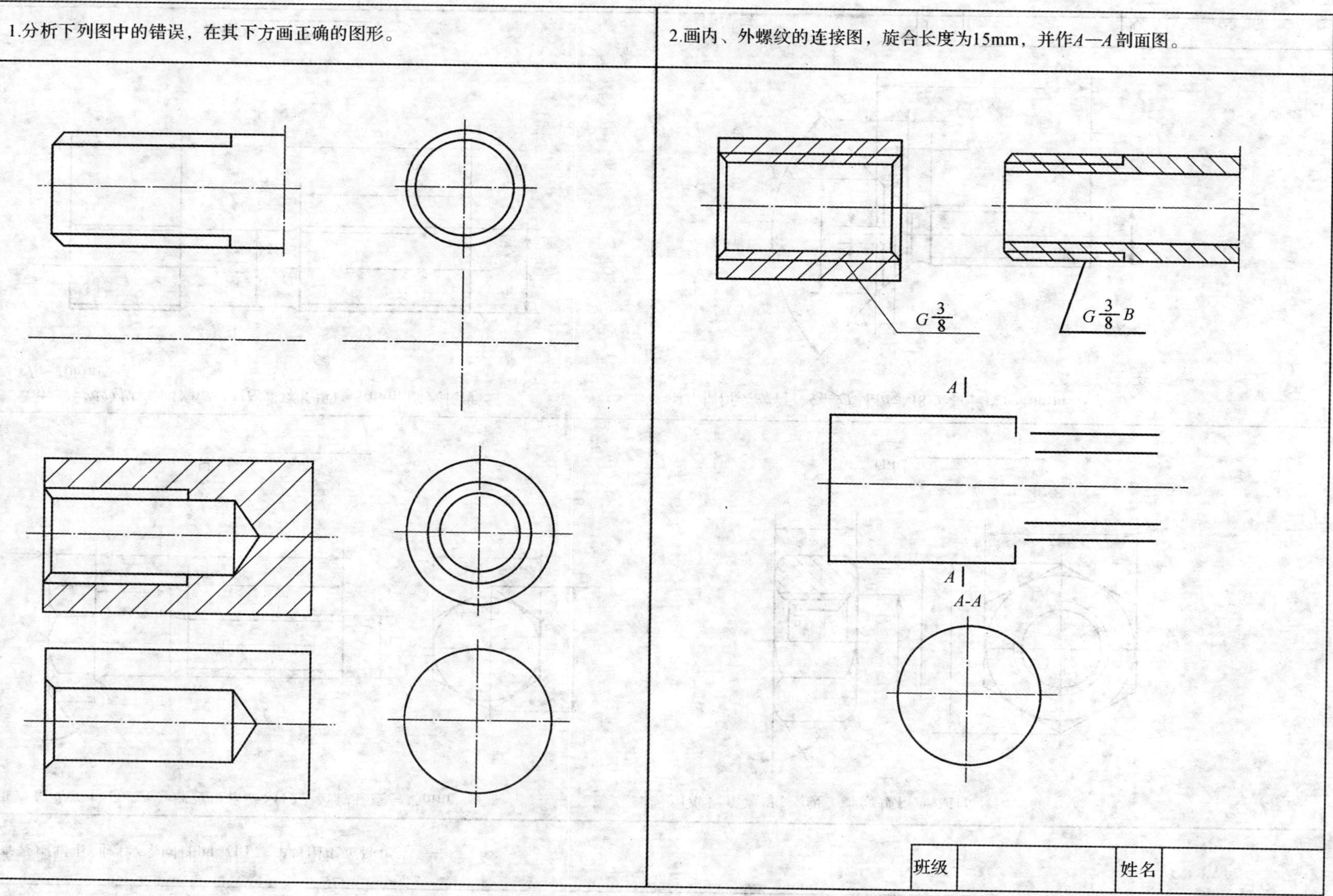

班级		姓名	

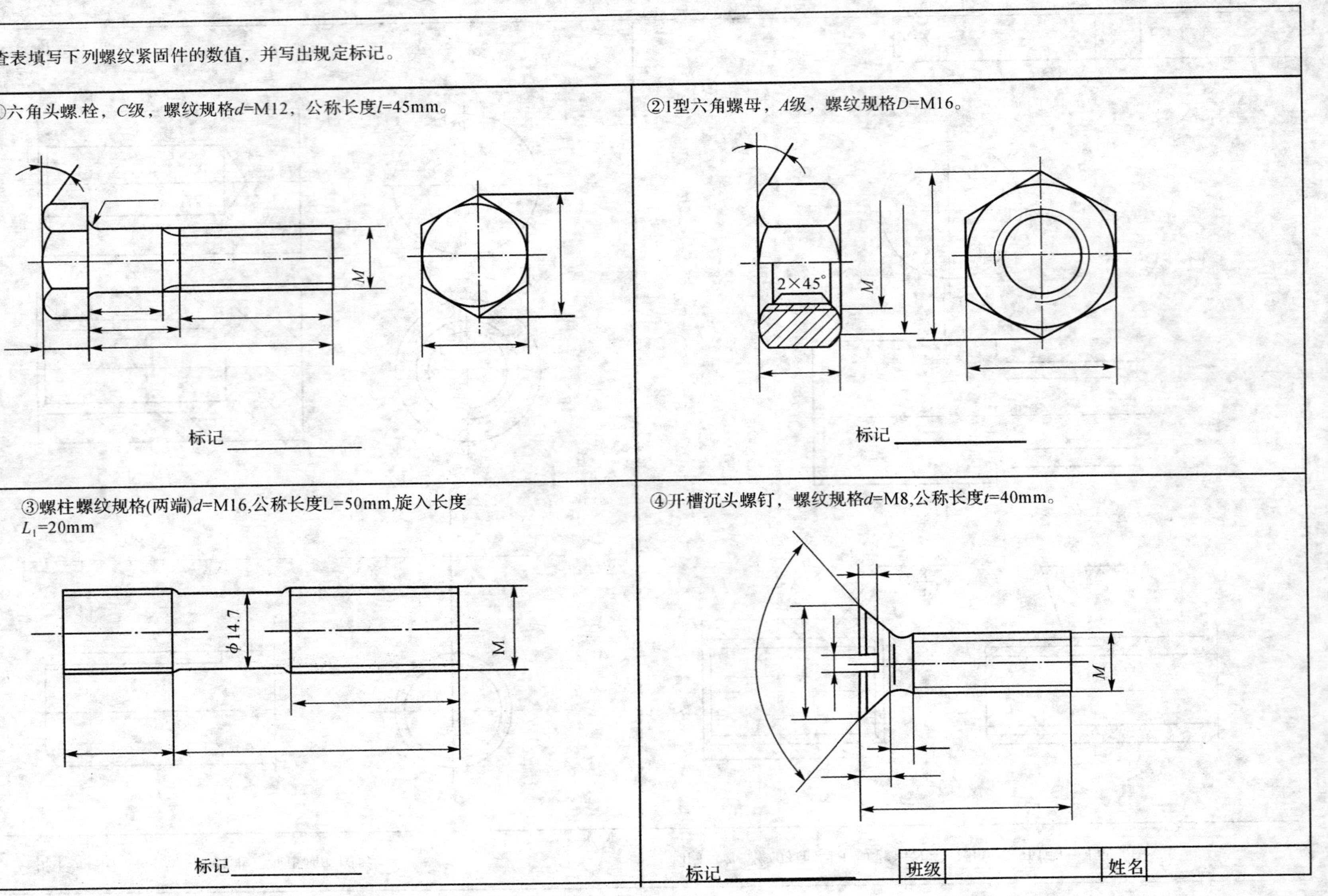

查表填写下列螺纹紧固件的数值，并写出规定标记。

①六角头螺.栓，C级，螺纹规格d=M12，公称长度l=45mm。

标记 ______________

②1型六角螺母，A级，螺纹规格D=M16。

标记 ______________

③螺柱螺纹规格(两端)d=M16,公称长度L=50mm,旋入长度L_1=20mm

标记 ______________

④开槽沉头螺钉，螺纹规格d=M8,公称长度t=40mm。

标记 ______________

班级 | 姓名

作出螺栓连接的三视图(螺栓GB5782-86M16×55，螺母GB6170-86M16，垫圈GB97.2-85 16-140HV)

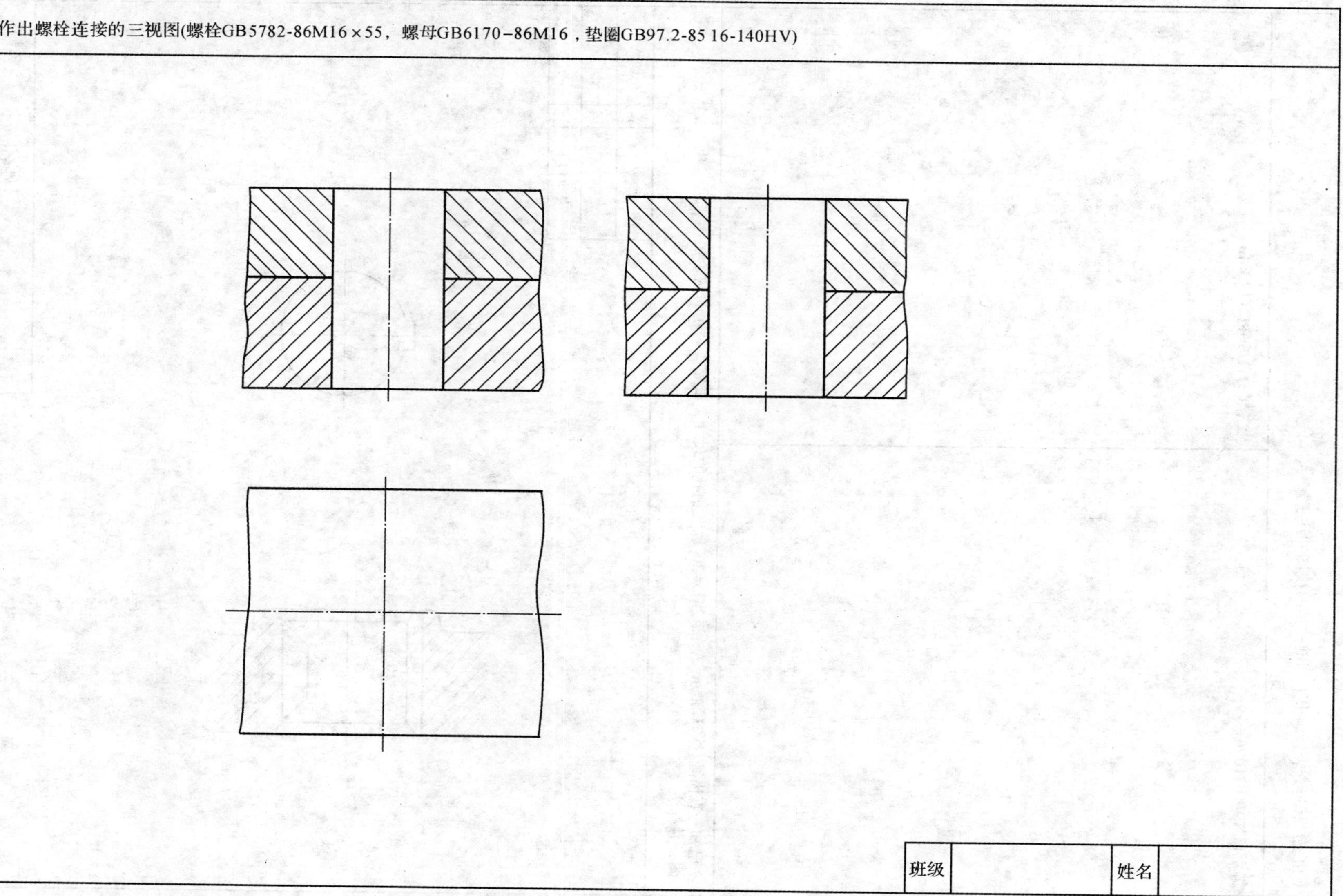

班级 姓名

1.由规定标记查表，画出下列键、销的视图并注上尺寸。

①键12×40GB1096—79

②销GB119—86A12×40

2.已知一直齿圆柱齿轮的m=2.5,z=24,a=20°以及轴孔的尺寸，试完成齿轮的两个视图，并标注尺寸。

模数	m	
齿数	z	
齿形角	a	

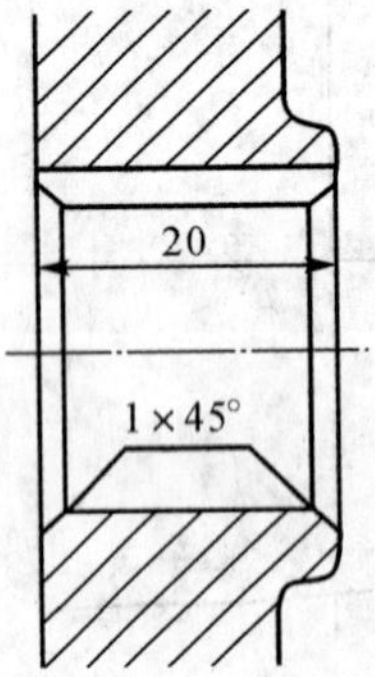

20

1×45°

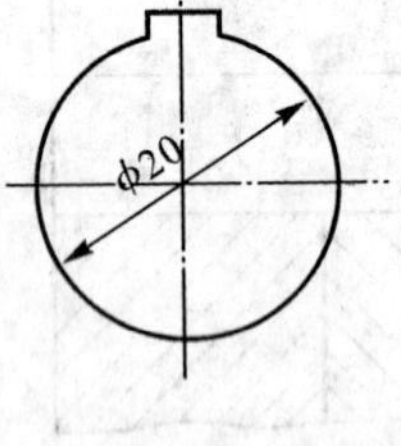

$\phi20$

班级		姓名	

在未完成的两个视图的基础上，按规定画法画出两直齿圆柱啮轮齿合图。已知：齿数z_1=32,Z_2=24,模数m=2

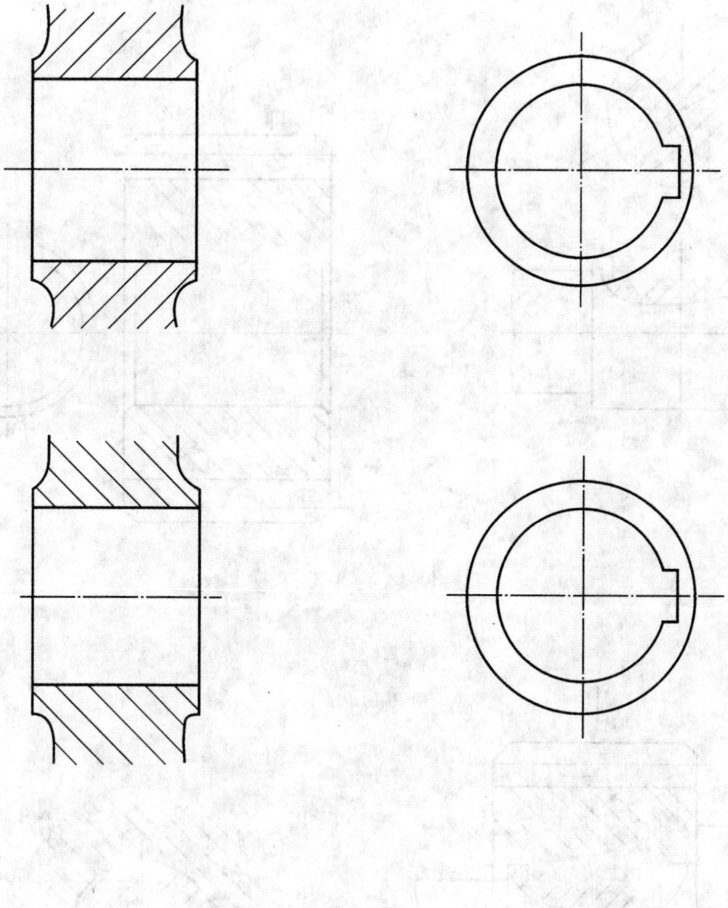

班级		姓名	

已知齿轮和轴用A型普通平键联结，轴孔直径为40mm,键的长度为40mm。(1)写出键的规定标记;(2) (查表确定键和键槽的尺寸，用比例1：2画全下列各视图和剖面图，并标注键槽槽的尺寸。)

键的规定标记 ____________

①轴

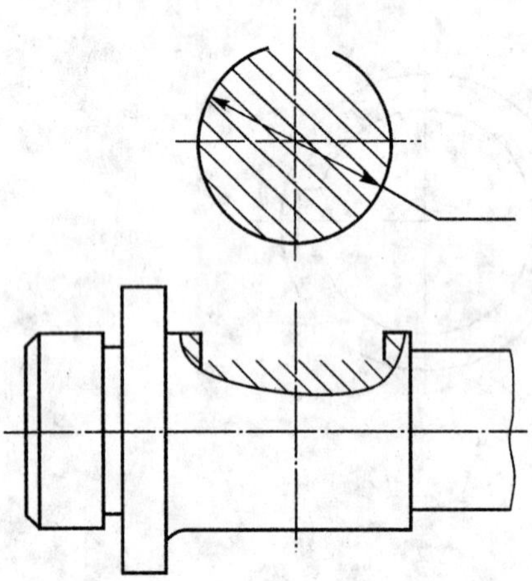

②齿轮

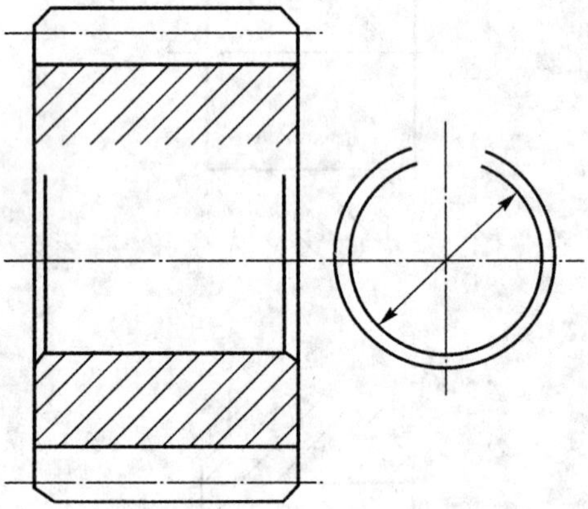

③齿轮和轴

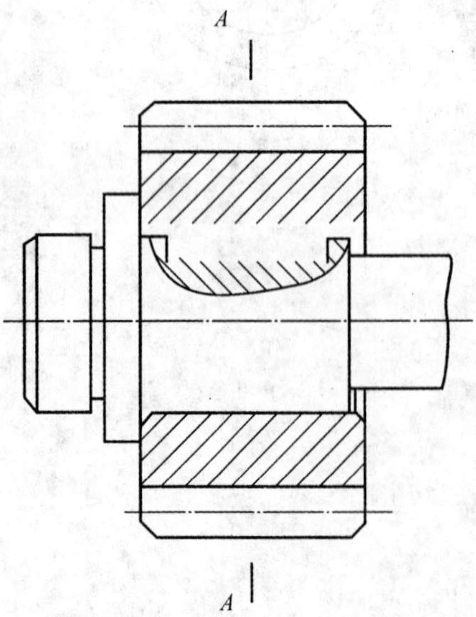

A

A—A

A

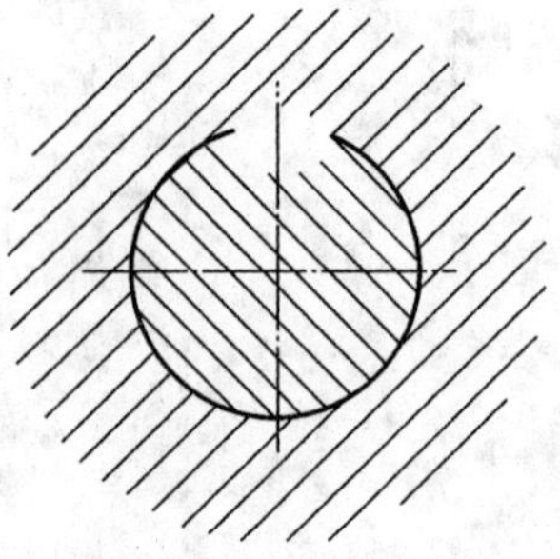

班级		姓名	

已知齿轮和轴用B型圆柱销连接，销的长度为40mm。(1)写出销的规定标记；(2)查表确定销的尺寸，用比例1：1画全销连接的全剖视图，并注出销孔尺寸。

销的规定标记 ____________________

①齿、轮

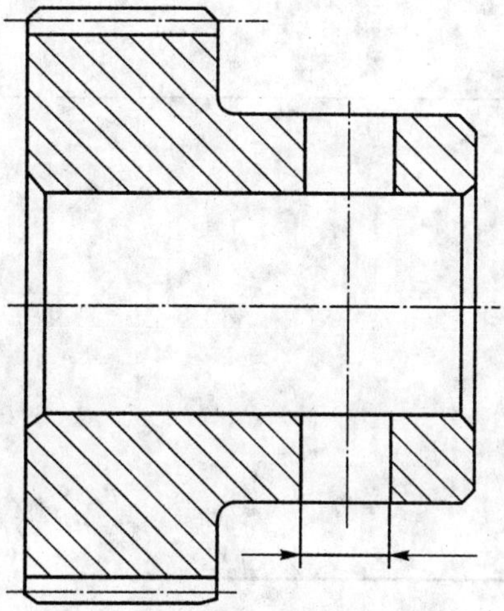

②轴

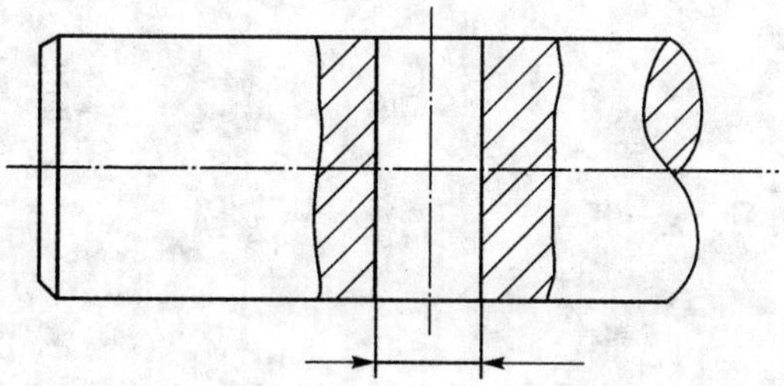

③齿轮和轴

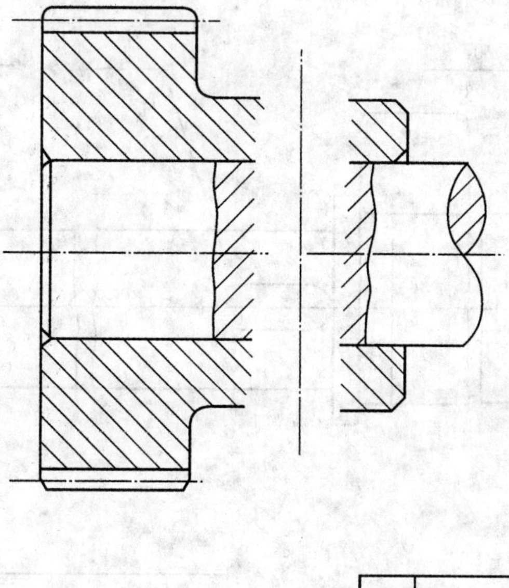

班级		姓名	

1.已知圆柱螺旋压缩弹簧的材料直径d=5mm,弹簧中径D_2=40mm,节距t=13.3mm,有效圈数n=7.5,支承圈数n_2=2.5，右旋。用比例1：1，画出弹簧的视图，并写出弹簧的标记

弹簧标记：______

2.已知轴两端支承轴肩处的直径分别为25mm和15mm,用简化画法，以比例1：1画出支承处的滚动轴承。

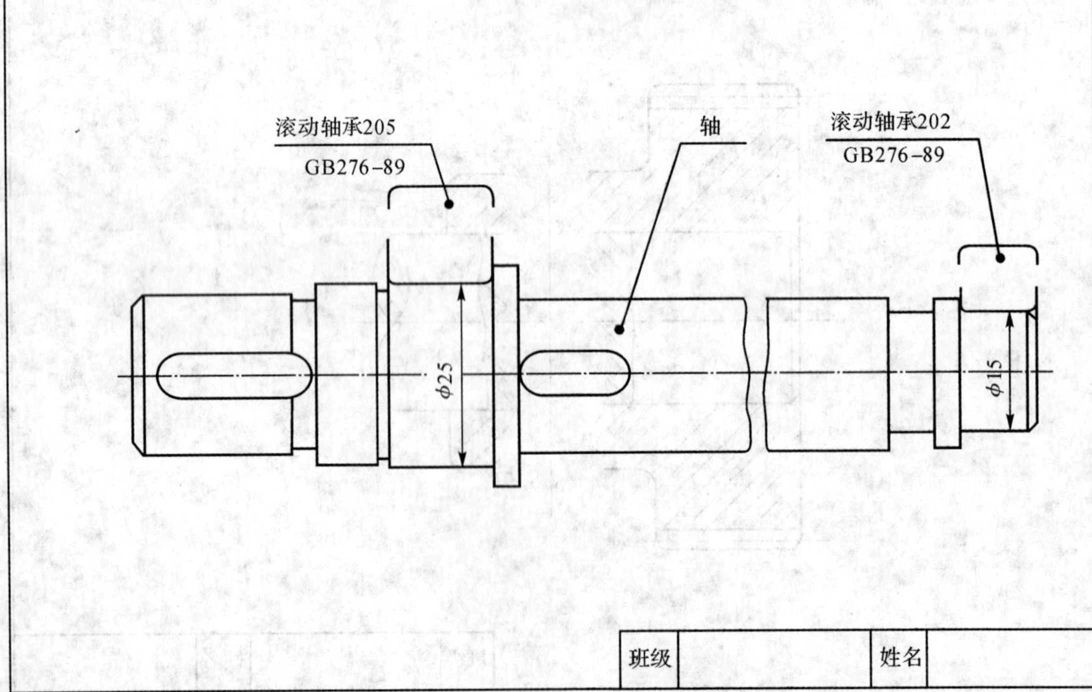

班级		姓名	

根据轴测图所示，将齿轮、滚动轴承等全部零件，以剖视图形式画在下页所示的轴上，成轴系组织图。组织图用比列1：1画在A3号图纸上。绘图时尺寸除已知外，可从有关标准中查得或计算求得，其余从轴测图上直接量取。组合图上不注尺寸，标题栏里的名称写：轴系组合图。

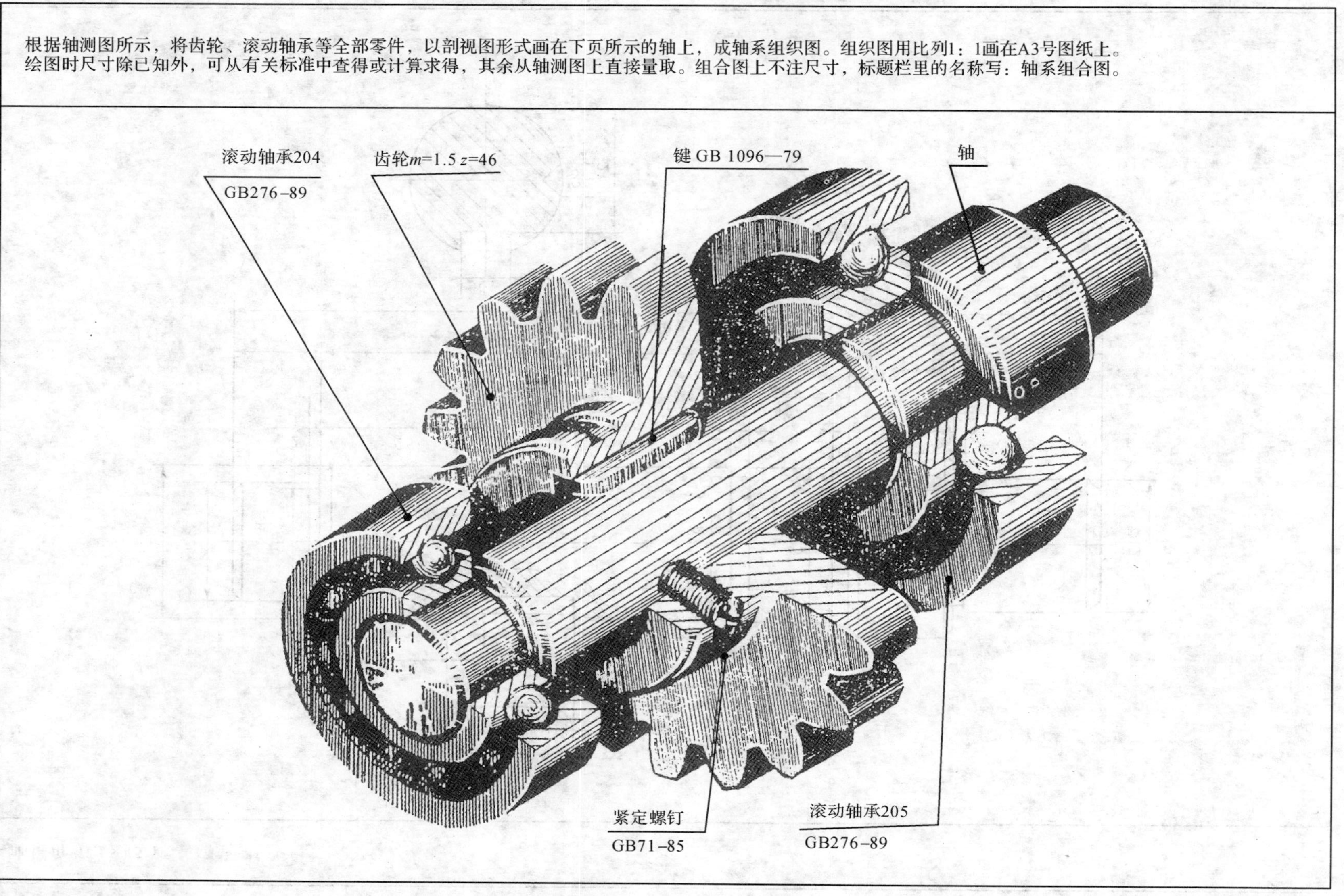

轴(倒角为1.5×45°)

22
20
φ25
φ20
φ19
φ24
φ25
φ30
φ 19
φ12
2
26
2
2
2
17
14
85
24
140
8
φ5
21

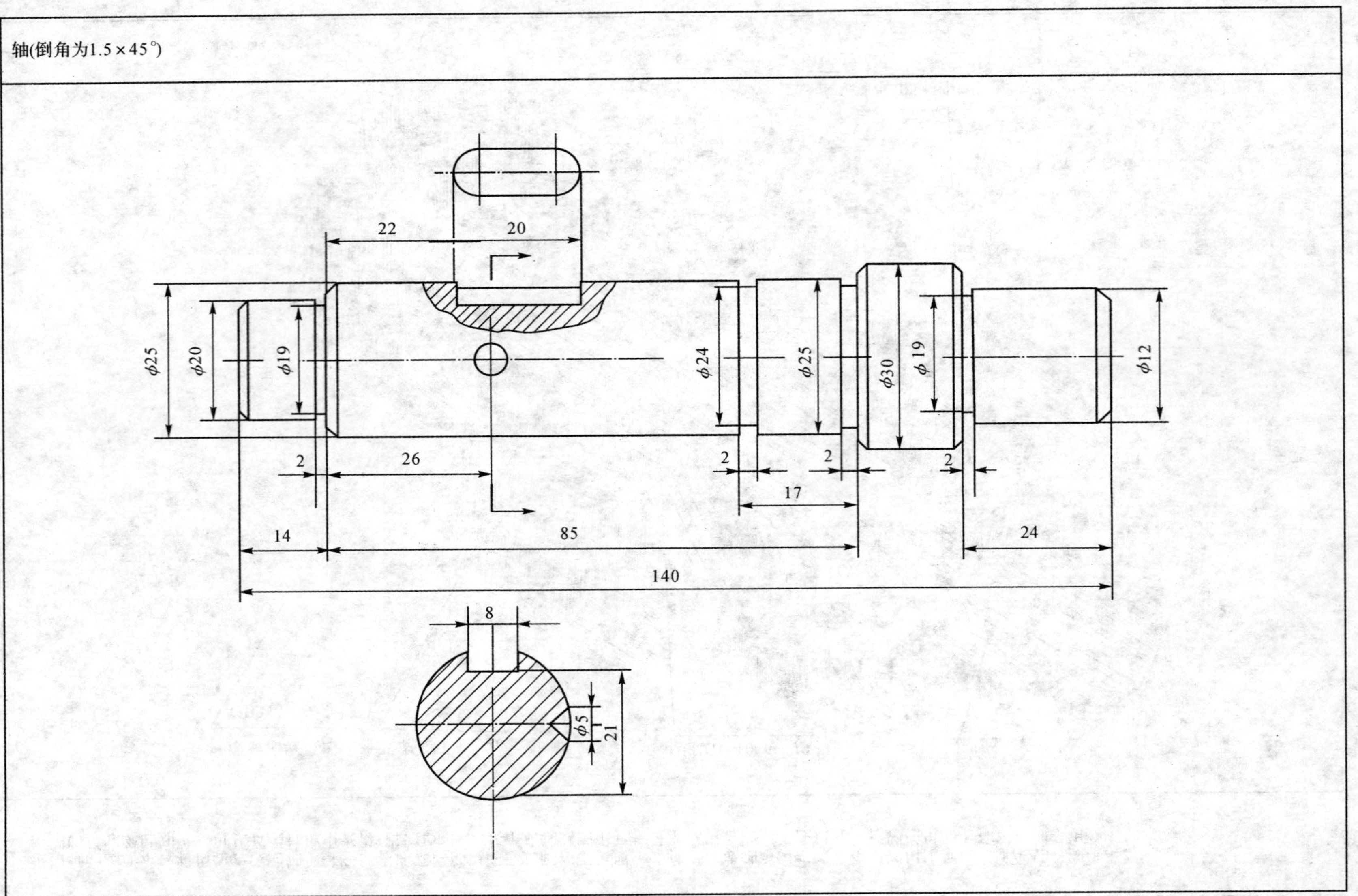

标注零件表面粗糙度代号，各表面粗糙度要求：

① $\phi30$，$\phi28$外圆柱表面，经切削加工后，其表面粗糙度参数R_a上限值为1.6μm；

②M20×1.5螺纹工作表面，经切削加工后，其表面粗糙度参数R_a上限值为3.2 μm

③键槽工作表面，经切削加工后，其表面粗糙度参数R_a上限值为3.2μm；底面粗糙度参数R_a上限值为6.3μm

④ $\phi4$ 锥销孔，经切削加工后，其表面粗糙度参数R_a上限值为1.6μm；

⑤其余表面，经切削加工后，其表面粗糙度参数R_a上限值为12.5μm。

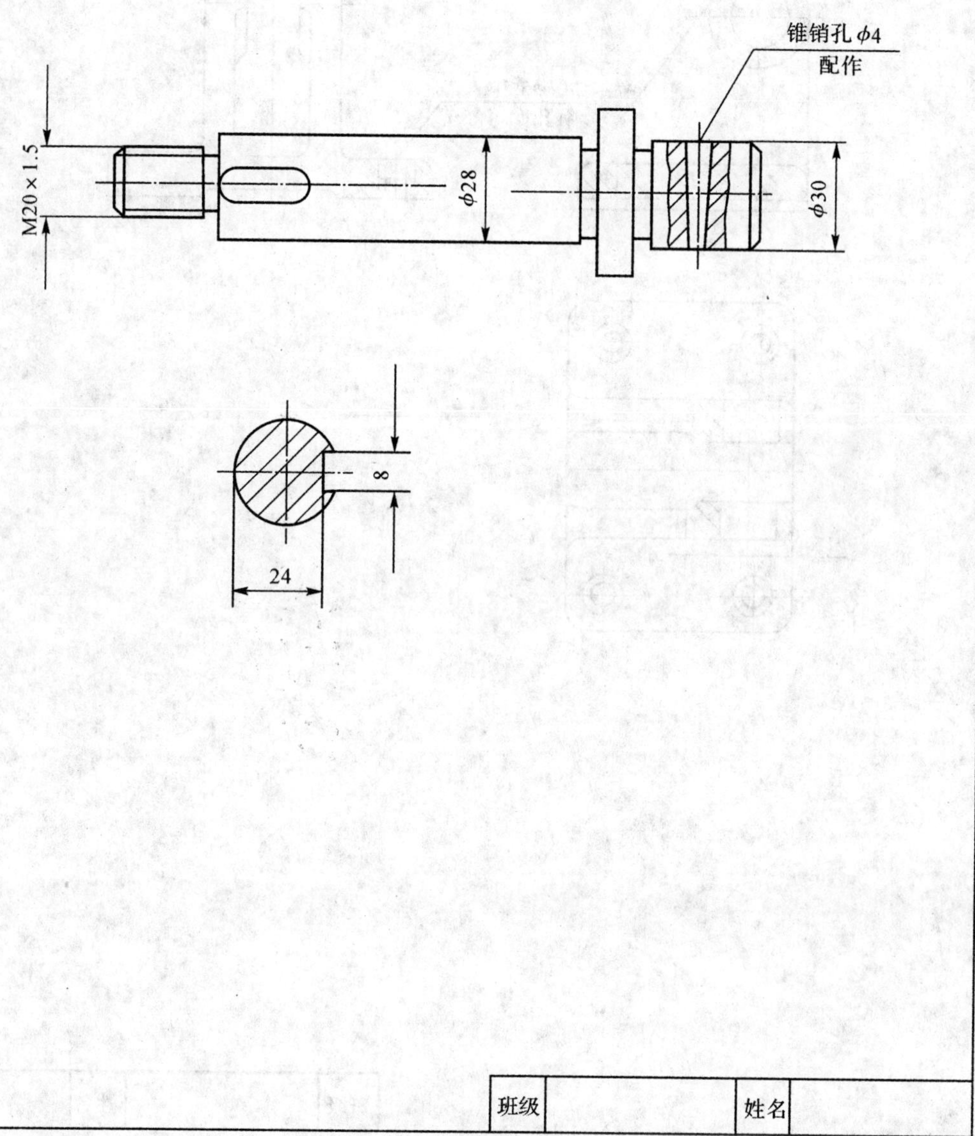

班级		姓名	

标注零件表面粗糙度代号，各表面粗糙要求：

①ϕ15内孔表面，经切削加工后，其表面粗糙度参数 R_a 上限值均为1.6μm；

②四个 ϕ5.5圆柱头沉孔，各表面粗糙度参数R_a上限值均为12.5μm

③间距为16两端面与底平面,经切削加工后,其表面粗糙度参数R_a的上限值均为6.3μm；

④其余铸造表面不需要切削加工，保持原铸件供应状况。

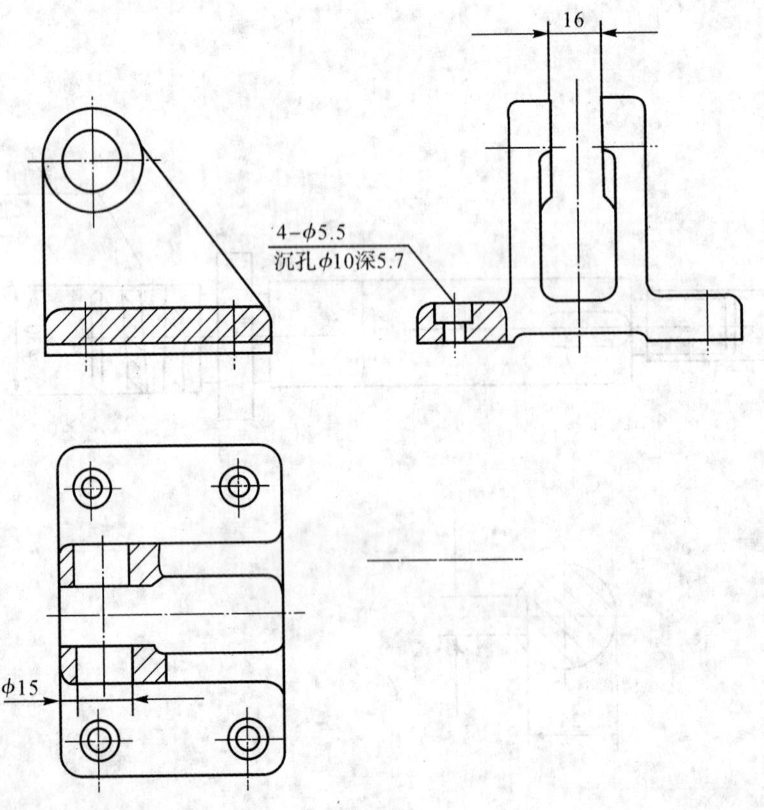

班级		姓名	

根据装配图中所注的基本尺寸和配合代号，作公差与配合练习。

①试说明图中标注的配合代号是哪一种基准制，属于哪一种配合，以及轴、孔的标准公差等级。

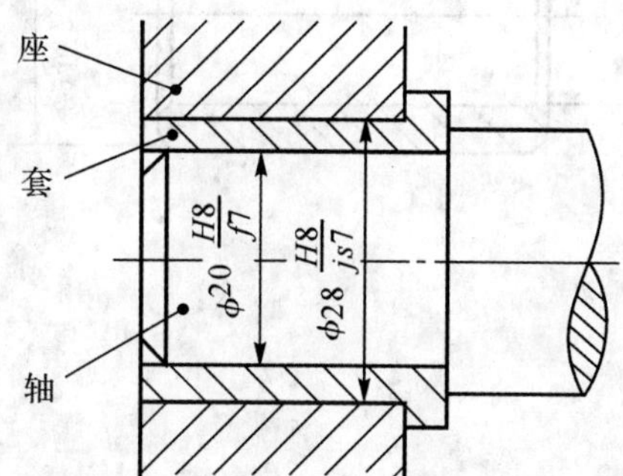

$\phi20H8/f7$：

$\phi28H8/js7$：

②试在下面零件图的基本尺寸上标注公差带代号。

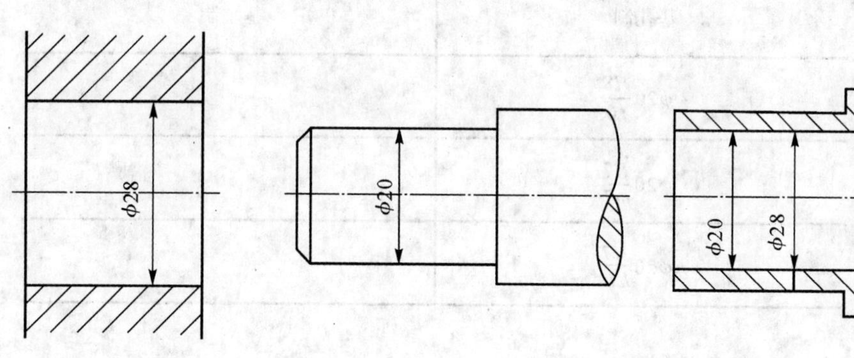

班级		姓名	

1.已知零件图配合部位的基本尺寸与公差带代号，在其各自括号内标注上、下偏差值。

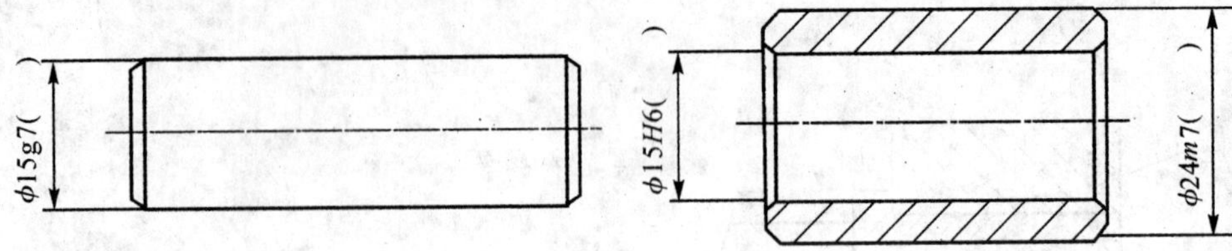

2.已知表格中标注的是基孔制配合代号，将其变为基轴制，配合种类，轴、孔标准公差等级不变。

基孔制	基轴制
$\phi20\frac{H8}{f6}$	
$\phi20\frac{H7}{m7}$	
$\phi20\frac{H7}{h7}$	

班级		姓名	

已知零件图配合部位的基本尺寸与上、下偏差值，在装配图上标注配合代号。

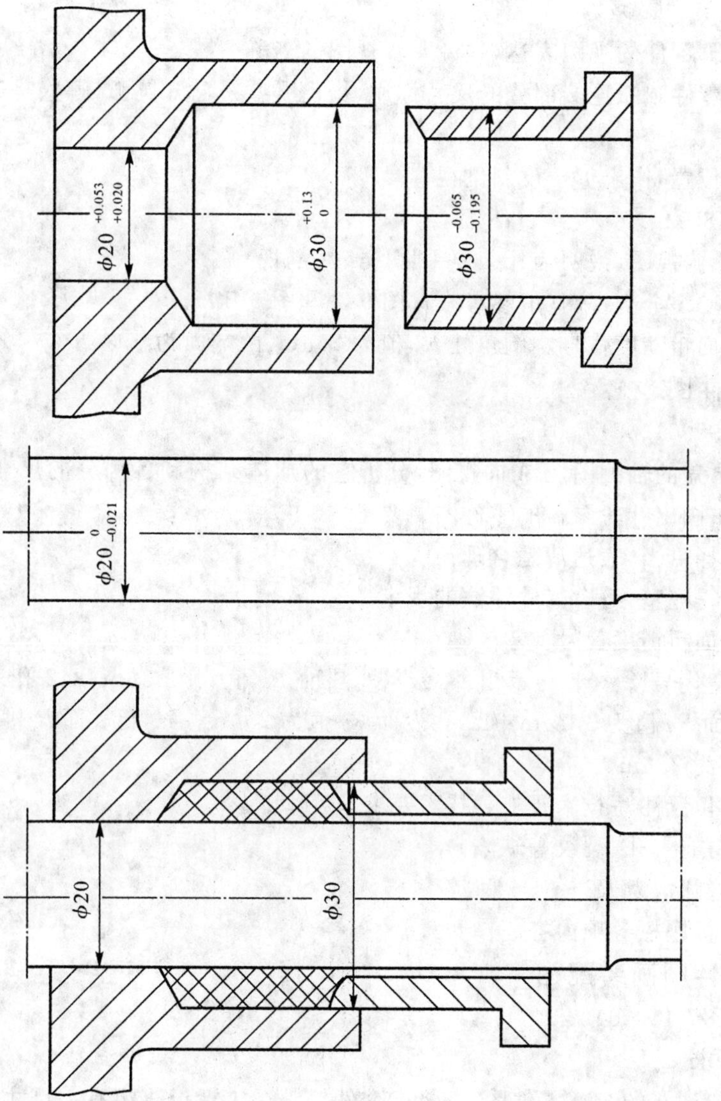

$\phi20^{+0.053}_{+0.020}$ $\phi30^{+0.13}_{0}$ $\phi30^{-0.065}_{-0.195}$

$\phi20^{0}_{-0.021}$

$\phi20$ $\phi30$

班级		姓名	

一、看零件图

1. 回转架(85.01.03)

(1)在俯视图的位置上,作出 $B-B$ 半剖视图。

(2)查出 $6js9$、$24.8H$‖、$35H9$、$\phi 72J7$、$\phi 22H9$、$\phi 5H9$ 的上、下偏差值。

(3)$\phi 22H9$ 孔内的键槽尺寸是否符合标准?与它相配的轴的键槽尺寸的宽和深应为多少(查表)?

(4)试说明该零件的表面粗糙度有几种。

2. 踏脚杆(85.01.04)

(1)看懂踏脚零件的视图表达,并说明各视图的名称。

(2)分析该零件圆弧连接部分的尺寸标注,指出哪些是已知圆弧,哪些是连接圆弧,并说明作法。

(3)在适当位置,作出 $D-D$ 斜剖视。

3. 轴承座(85.11.01)

(1)看懂主、俯视图,说明为什么要采用 $A-A$ 剖视。

(2)画全 $A-A$ 全剖视图(可参考教材图 9-2 和图 9-14)。

(3)注上表面粗糙度代号。倒角处 R_a 值为 $25\mu m$,两端面为 $6.3\mu m$。

二、画零件图

叶轮泵盖(95.01.05)

看懂叶轮泵盖的轴测图及 A 向视图,分析它的形体结构和各部分的尺寸。在 A3 号图纸上,用比例 1∶1 画出叶轮泵盖的零件图。要求:

(1)视图选择恰当,表达清楚合理。

(2)尺寸注得完整,符合尺寸注法的规定。

(3)标注表面粗糙度代号。

表面粗糙度代号除图上已示出外,$\phi 58$ 外圆面 R_a 值为 $6.3\mu m$、$\phi 42$ 孔表面 R_a 值为 $12.5\mu m$,$\phi 40$ 孔表面 R_a 值为 $3.2\mu m$,$\phi 20$ 孔表面 R_a 值为 $25\mu m$,$\phi 70$ 孔表面 R_a 值为 $12.5\mu m$,其余各加工面 R_a 值为 $25\mu m$。

(4)在适当位置注写技术要求。技术要求内容为:

a. 铸件不得有气孔、裂纹等缺陷。

b. 未注铸造圆角为 $R2\sim 3$。

(5)填写好标题栏各项内容。

三、由零件图画装配图

齿轮油泵(85.14.00)

(1)作业要求

a. 看懂齿轮油泵的全部零件图,并将标准件按其规定标记查出有关尺寸。

b. 根据齿轮油泵的装配示意图,在 A2 图纸上作出齿轮油泵的装配图。

(2)工作原理及装配示意图

齿轮油泵是依靠一对齿轮的传动把油升压的一种装置,泵体 1 内有一对齿轮,轴齿轮 4 是主动轮,轴齿轮 8 是被动轮。动力从主动轮输入,从而带动被动轮一起旋转,转动方向见下图。转动时齿轮啮合区的左方形成局部真空,压力降低将油吸入泵中,齿轮继续传动,吸入的油沿泵体内壁被输送到啮合处的右方,压力升高,从而把高压油输往工作场所。

为使油泵不漏油，泵体和泵盖结合处有密封垫片 9(垫片形状与体、盖结合面相同)，主动轴齿轮伸出的一端处有填料压盖防漏装置，由填料 5、压盖 7、压紧螺母 6 所组成。

泵体与泵盖之间用螺钉 10 连接，为保证相对位置的准确，用定位销 3 定位。

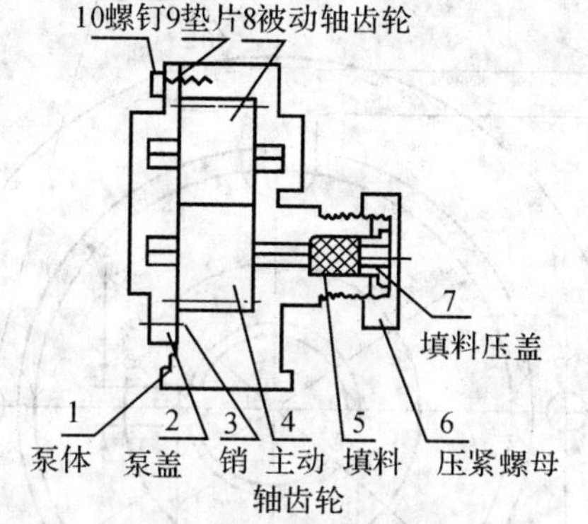

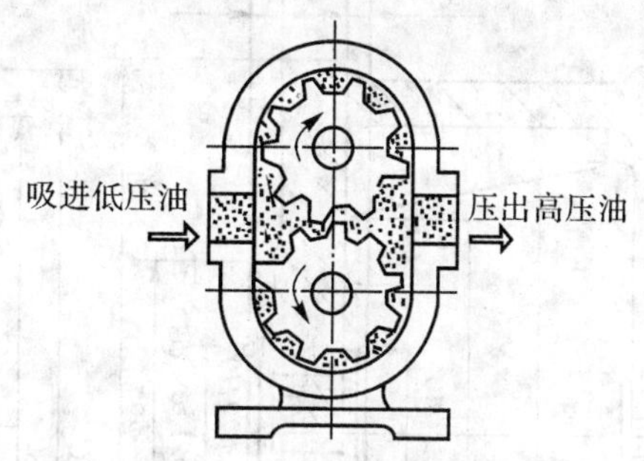

(3)齿轮油泵的零件明细表

代　号	名　称	数　量	材　料	备　注
85.14.01	泵体	1	$HT200$	
85.14.02	泵盖	1	$HT200$	
85.14.03	主动轴齿轮	1	45	
85.14.04	被动轴齿轮	1	45	
85.14.05	填料压盖	1	$Q235-A$	
85.14.06	压紧螺母	1	$Q235-A$	
	垫片	1	描图纸	厚度 $\delta=0.06-0.10$
	填料		麻绳	
GB119－86	销 C4×25	2		
GB65－85	螺钉 M6×20	6		

(4)齿轮油泵零件之间的公差配合

a. 齿轮端面与泵体、泵盖之间为 $18H8/h8$；

b. 齿顶圆与泵体内孔为 $\phi40H7/f7$；

c. 主动轴齿轮、被动轴齿轮的两支承轴与泵体、泵盖上轴孔为 $\phi13H7/f7$；

d. 填料压兽与泵体孔径为 $\phi18H11/d11$。

(5)齿轮油泵的技术要求

1. 装配后应当转动灵活，无卡阻现象。

2. 装配后未加工的外表面涂绿漆。

(6)齿轮油泵的零件图

参阅 104～105 页。

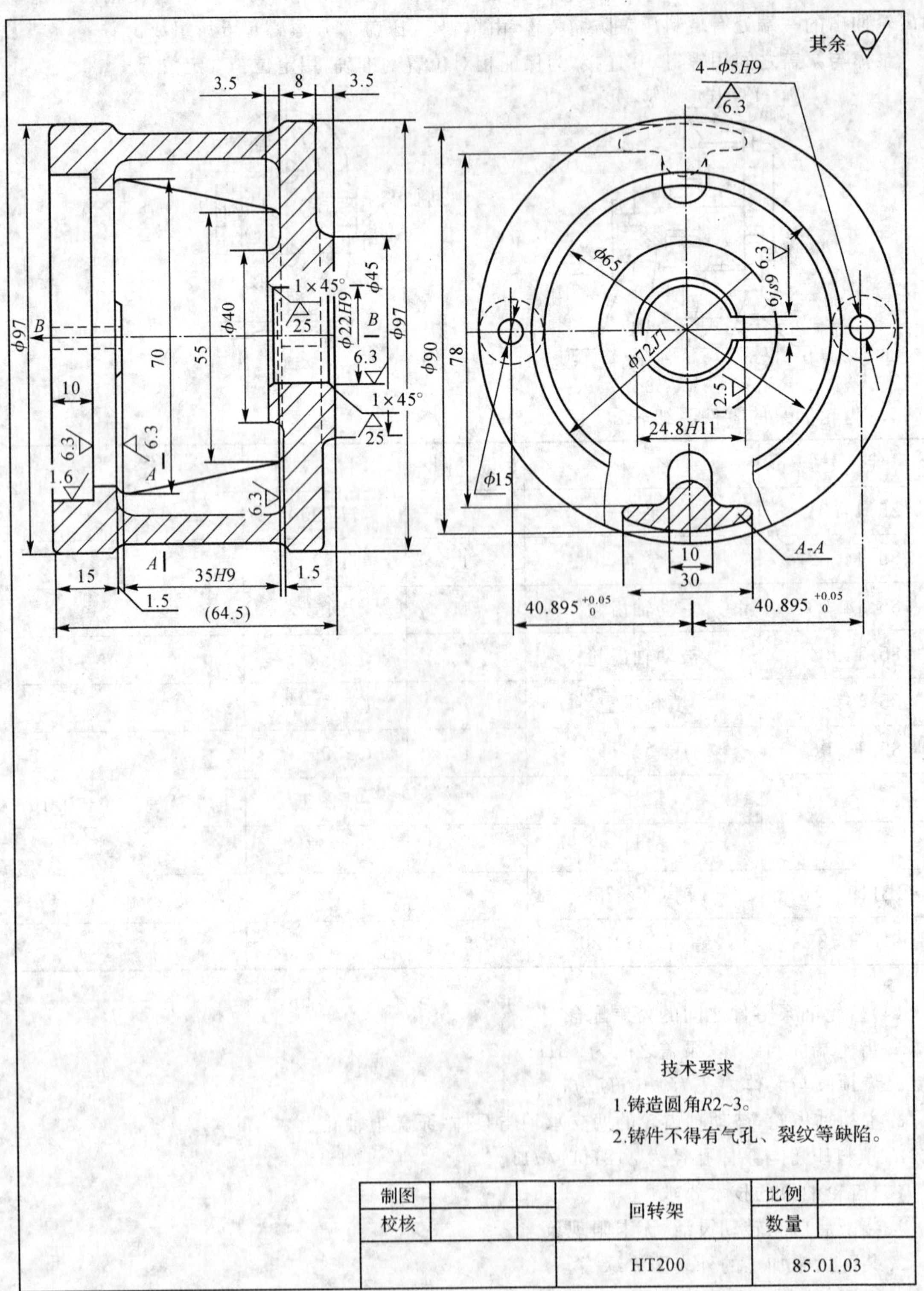

技术要求

1.铸造圆角R2~3。

2.铸件不得有气孔、裂纹等缺陷。

制图			回转架	比例	
校核				数量	
			HT200	85.01.03	

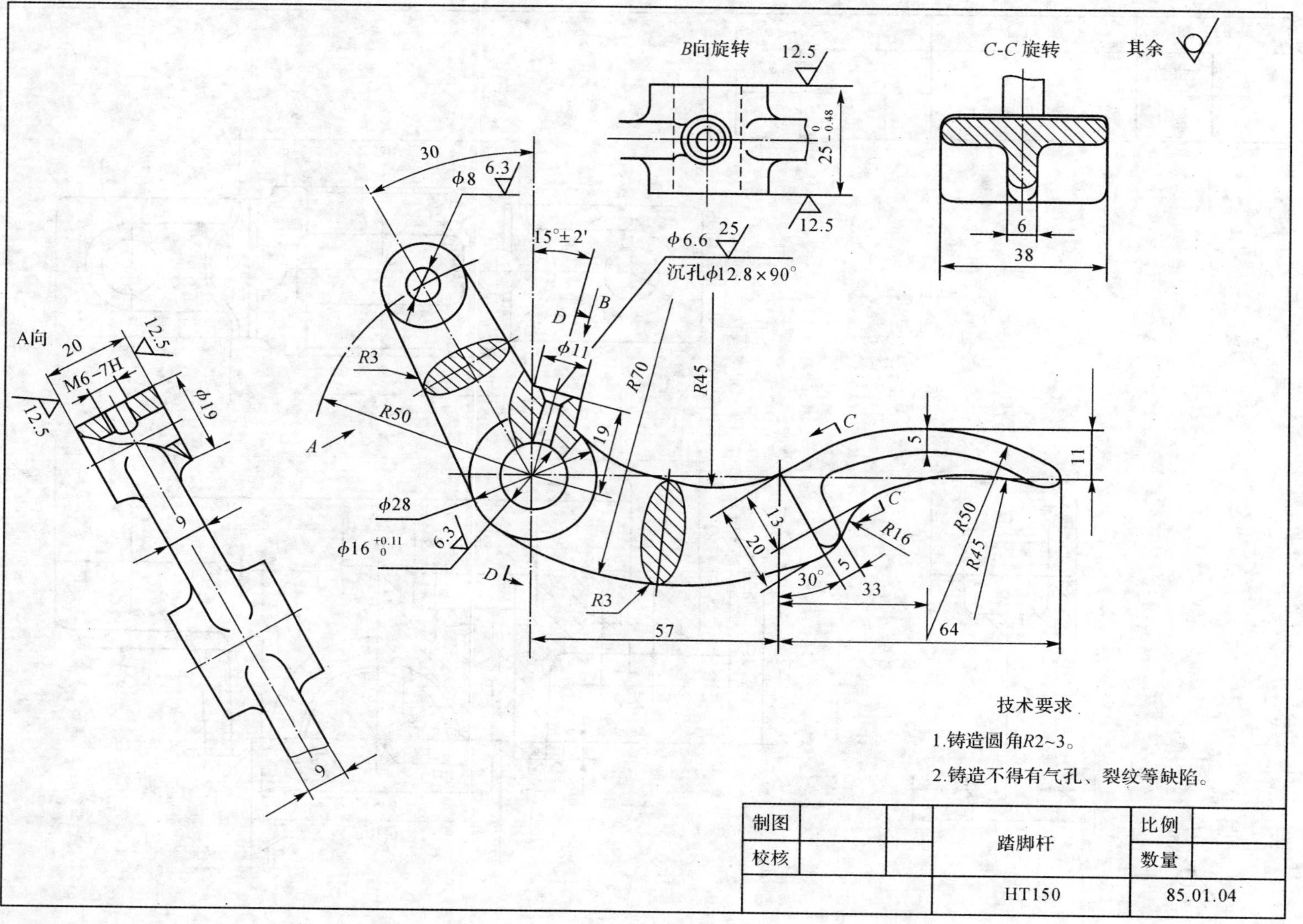

制图			踏脚杆	比例	
校核				数量	
			HT150	85.01.04	

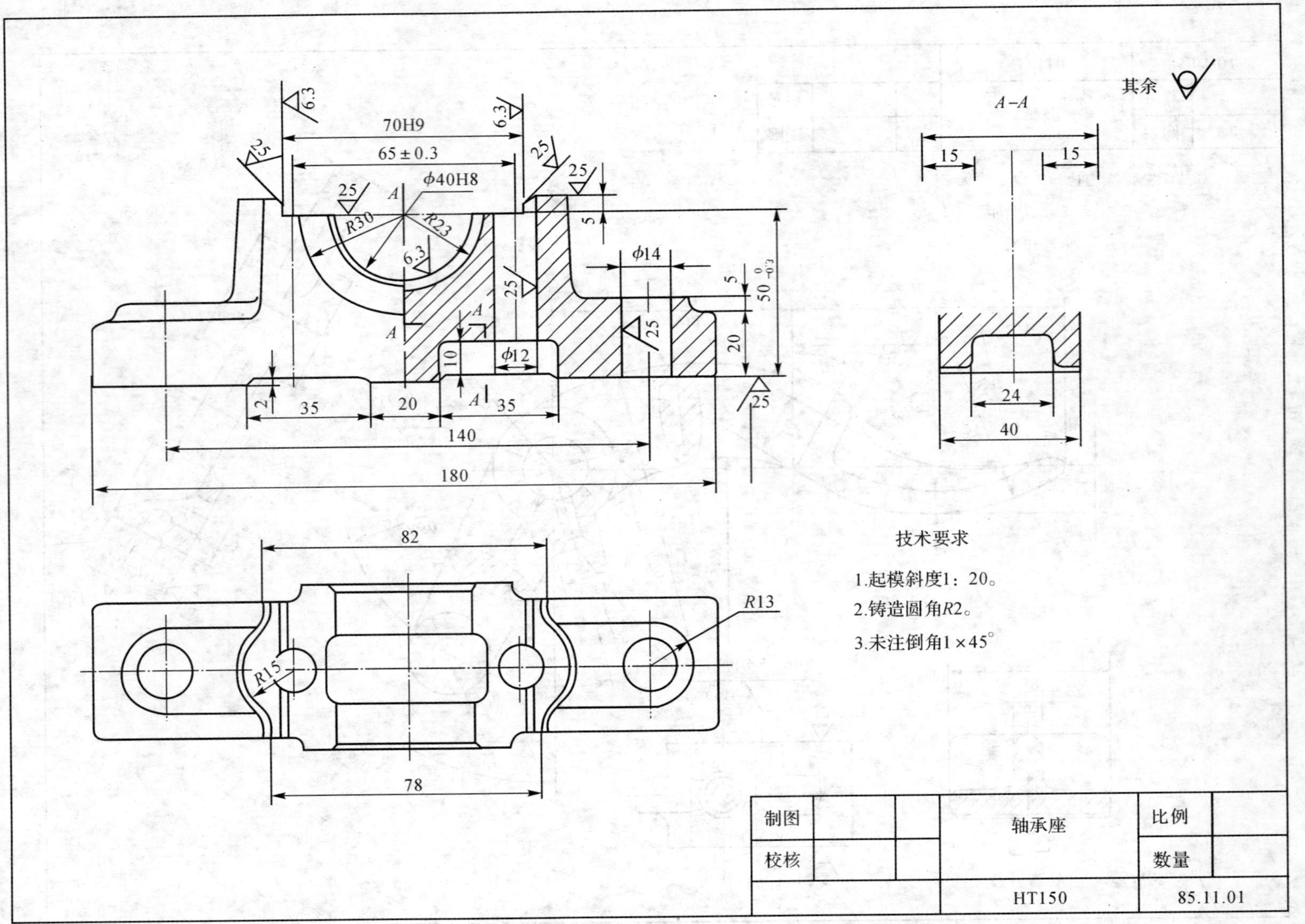
70H9
65±0.3
φ40H8
R30
R23
6.3
25
A
5
φ14
φ12
10
20
$50^{\ 0}_{-0.3}$
2
35
20
35
140
180
其余
A–A
15
15
24
40
82
78
R13
R15
技术要求
1.起模斜度1：20。
2.铸造圆角R2。
3.未注倒角1×45°
制图
校核
轴承座
比例
数量
HT150
85.11.01

画出叶轮泵盖的零件图。

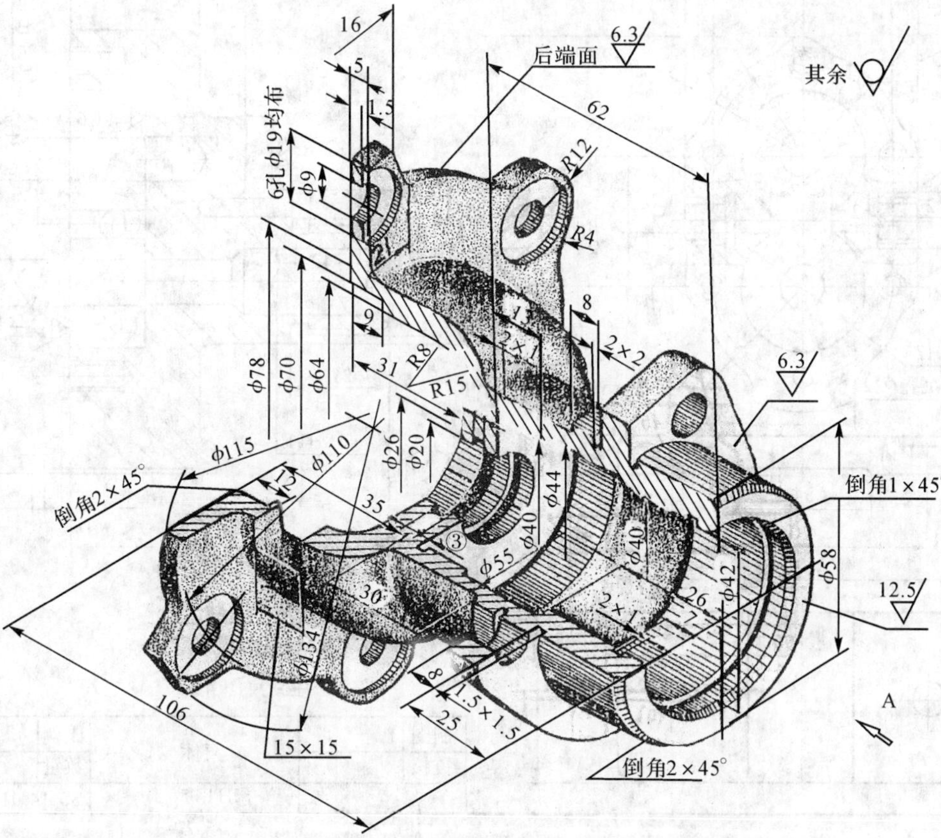

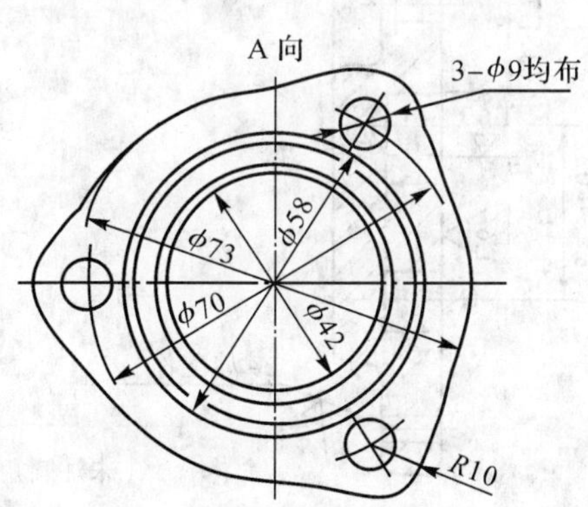

名称：叶轮泵盖
材料：HT200

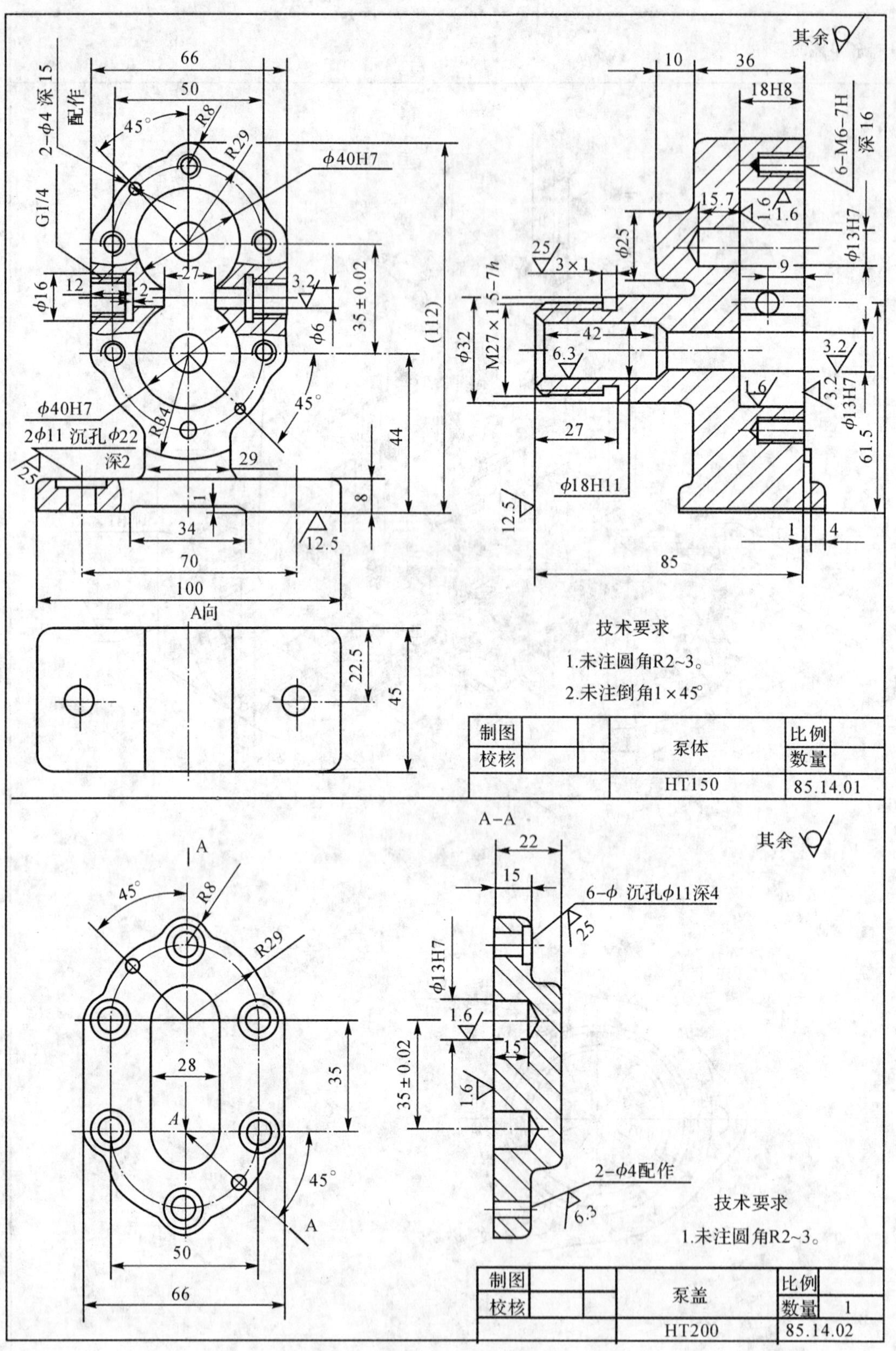

制图			泵体	比例	
校核				数量	
			HT150	85.14.01	

制图			泵盖	比例	
校核				数量	1
			HT200	85.14.02	

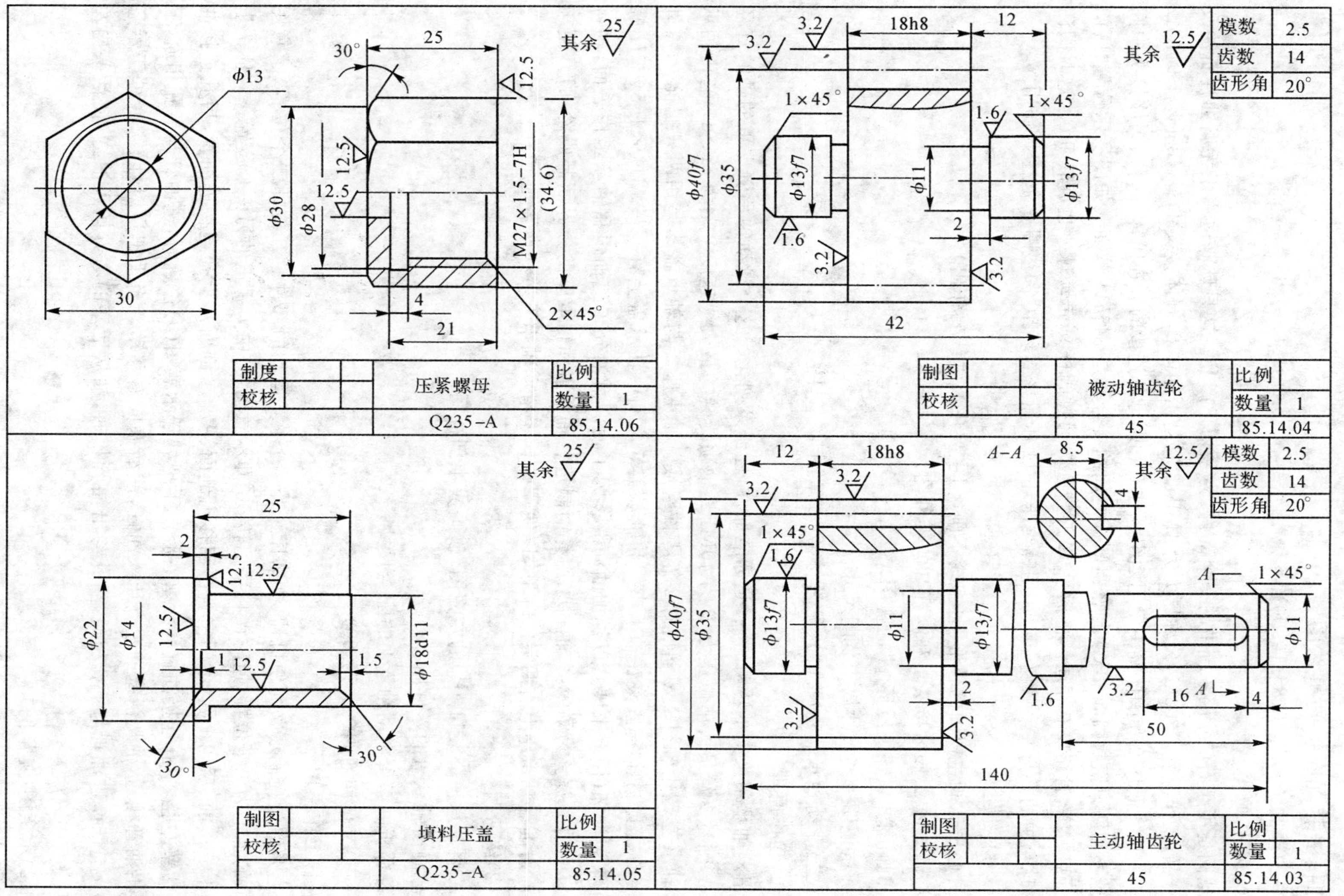

其余 12.5
模数 2.5
齿数 14
齿形角 20°
φ40f7
φ35
φ13f7
φ11
18h8
12
42
1×45°
3.2
1.6
2
被动轴齿轮
45
比例
数量 1
85.14.04
制图
校核
其余 12.5
模数 2.5
齿数 14
齿形角 20°
A-A
8.5
4
A
16
50
140
主动轴齿轮
45
比例
数量 1
85.14.03
制图
校核
其余 25
φ13
30
φ30
φ28
12.5
30°
25
4
21
M27×1.5-7H
(34.6)
2×45°
压紧螺母
Q235-A
比例
数量 1
85.14.06
制度
校核
其余 25
φ22
φ14
φ18d11
1.5
1
2
12.5
30°
填料压盖
Q235-A
比例
数量 1
85.14.05
制图
校核

四、由装配图拆画零件图

(一)球阀 P_g4D_g25(85.10.00)

(1)工作原理

球阀是用于石油管路系统中的一个部件,为系列化产品。这只球阀适用于无腐蚀性石油及石油产品,工作温度≤200℃,公称压力为4MPa。它是由阀体2,阀体接头1,球4和阀杆9等12种零件组成。阀体2和阀体接头1用四组螺柱6和螺母7连接的。在阀体、阀杆、阀体接头中间装有球4和两只密封圈3。球4与密封圈3之间的接合面是 $\phi 45h11$ 球面。如图所示位置,阀门处于开启状态,管路左右相通。将扳手12旋转90°,通过阀杆9,带动球4也旋转90°。这时阀门关闭,球4中的孔与左右管路不通。用螺纹压环11压紧密封环10和垫圈8,起密封作用。

(2)练习题

a.画出球阀主视图的外形图(虚线不画,但主要中心轴线要作出)。

b.画阀体2、阀体接头1和阀杆9的零件图。

c.画出球4、螺纹压环11的视图。

d.试说明哪些尺寸属于装配尺寸。

(二)滑动轴承(85.11.00)(见教材第10章图10-2,图10-4)。

(1)工作原理

滑动轴承用来支承转动的轴,是标准部件,已经系列化。这个滑动轴承所支承的轴的直径为 $\phi 30$,轴衬支承最大单位压力 P 为40MPa,轴顶旋转的最大线速度 V_{max} 为8m/s。它由轴承座1,轴承盖5,上轴衬4和下轴衬2等零件组成。轴承座1与轴承盖5是用两只螺栓6,螺母7连接的。上、下轴衬紧夹在轴承座1和轴承盖5之间。轴承盖上有一只M14×1.5−7H螺孔,用来装油杯(图上未装),以供加油润滑。为了使润滑油分布到轴颈和轴承工作表面,轴衬上制有油槽倒棱。为了耐磨,轴衬采用青铜制造。轴承盖和轴承座的分界面制成阶梯形,便于安装时对准。轴承座上有两只 $\phi 14$ 孔,以便用螺栓将滑动轴承安装在所需地方。

(2)练习题

a.将轴承座(85.11.01)的左视图,改画成半剖视图。

b.画出轴承盖的零件图。

c.分析并解释滑动轴承上的配合尺寸。

(三)二位四通阀(85.15.00)

(1)工作原理

它是通过控制油路而使机器(如磨床工作台)往复运动的部件。二位即二个位置,示意图(*a*)中的手把为一个位置,逆时针将手把转90°即示意图(*b*)中为手把的另一个位置。阀体7上开有上、下、前、后四个孔(参阅主视图和移出剖面、$A-A$ 剖面),上孔连接进油管,后孔连接油缸的活塞左腔,下孔连接油缸的活塞右腔。手把处于示意图(*a*)位置时,进油管与后孔相通,下孔与出油管相通,油从活塞的左方压入油缸,使活塞向右移动。当手把逆时针转90°处于示意图(*b*)位置时,进油管与下孔相通,后孔与出油管相通,油从活塞的右方压入油缸,使活塞向左移动。

(2)示意图(见下图)

(3)练习题

a.作出当手把10转90°(即双点划线)后,滑阀3在 V 面上的投影。

b.画阀体7、盖板5的零件图。

c. 画出滑阀 3、拨叉 9 的视图。

d. $A-A$、$B-B$ 各表示了二位四通阀的哪些结构形状？

e. 主视图上 $\phi 25H7/h6$ 表示什么意义。

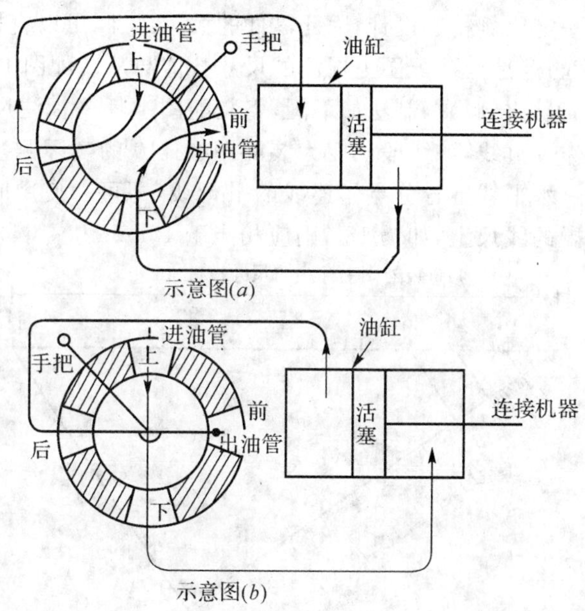

示意图(*a*)

示意图(*b*)

(四)螺旋压紧机构(94.01.00)

(1)工作原理

它是一种通过旋动螺母压紧工件的机构。它由体 4、套筒螺母 11、丝杆 5、弹簧 16、杠杆 2、轴销 3 和柱销 1 等零件组成。装在衬套 7 内的套筒螺母通过体 4、盖 10 和推力轴承 9 作轴向固定。导向销 12 使丝杆只作轴向移动，丝杆的左端与杠杆相连。以轴销为支点的杠杆上装有柱销。当用扳手旋动套筒螺母时，可使丝杆向右移动，通过杠杆作用，柱销即压住工作(图中未画出)。反向旋动套筒螺母，即可放松工作。

(2)练习题

a. 分析导向销 12 的作用。

b. 分析体 4 和盖 10 的连接。

c. 画出杠杆 2 及盖 10 的视图。

d. 画出体 4 的零件图(技术要求省略)。

(五)齿轮油泵(85.16.00)

(1)工作原理

参阅由零件图画装配图中介绍的齿轮油泵工作原理。另外，该部件增加了安全装置结构，如果出口处油压超过油泵的规定压力，则装在泵盖 3 上的钢球 23 即被顶开，一部分油从出口处回流到进口处，使输出油压保持稳定。

(2)练习题

a. 画泵体 1 和泵壳 2 的零件图。

b. 画出主动齿轮 6、泵盖 3 的视图。

c. 将主观多余的图改成外形图。

d. 试说明 $\phi40H7/f7$、$\phi50H7/r6$ 的意义。

e. 试说明零件 18 的规定标记“螺柱 M12×60GB898－88 的意义。”

附:由装配图拆画零件图时零件尺寸的确定方法

装配图上的尺寸,只是按照部件功用、性能等标注了几类尺寸,对于零件上的许多尺寸均未注出,但装配图是按一定比例精心设计,因此零件的大小尺寸,可以直接从装配图上量取,并取标准直径或标准长度。但是当装配图上标注的尺寸数值与从装配图上实际测量的尺寸数值不一致时,则应制作一简易比例尺。制法如下图,将装配图上任一标注尺寸如球阀中 110。作一水平线,然后过 0 任作一直线,该线段长度为装配图上 110 的实际测量长度(用加撇表示),将其终点与 110 连接,过水平线上各分点作连线的平行线,即可。使用时,只要把装配图上直接量得尺寸,靠在带有撇的线尺上,如为 18′,则应相当于 18mm。

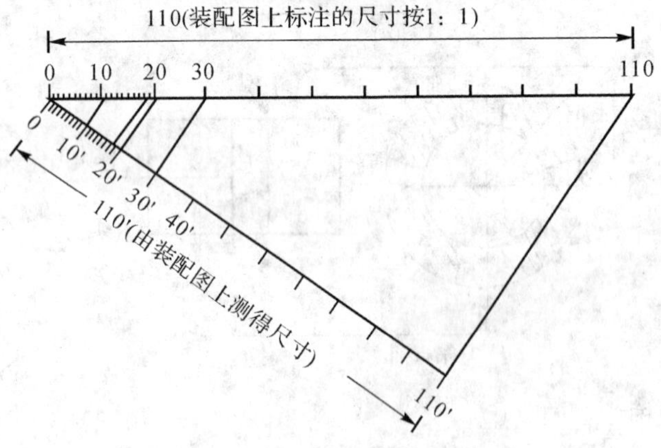

作出弯头的展开图

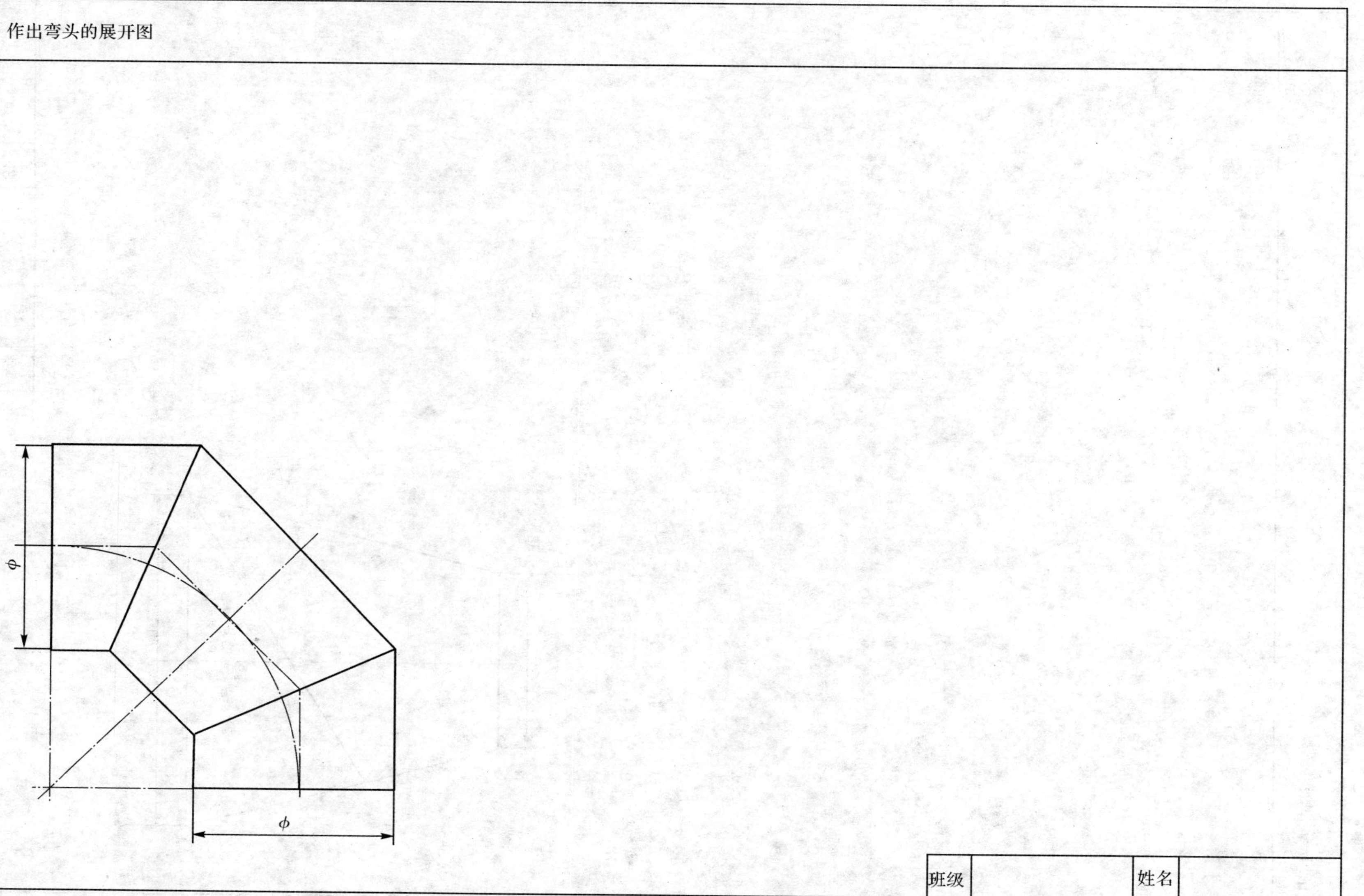

班级		姓名	

作出炉罩的展开图。

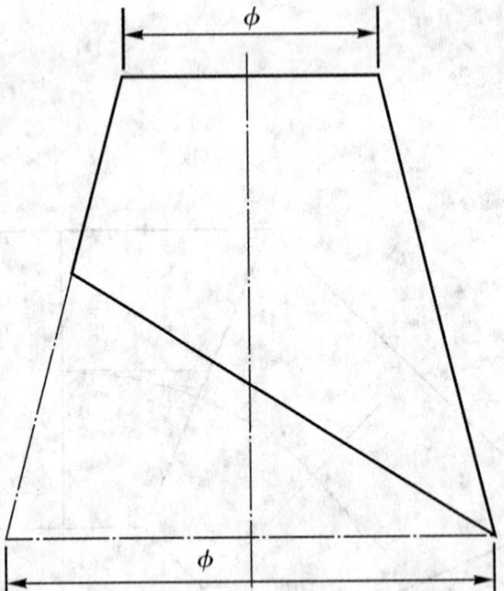

ϕ

ϕ

班级		姓名	

作出方顶圆底连接管的展开图。

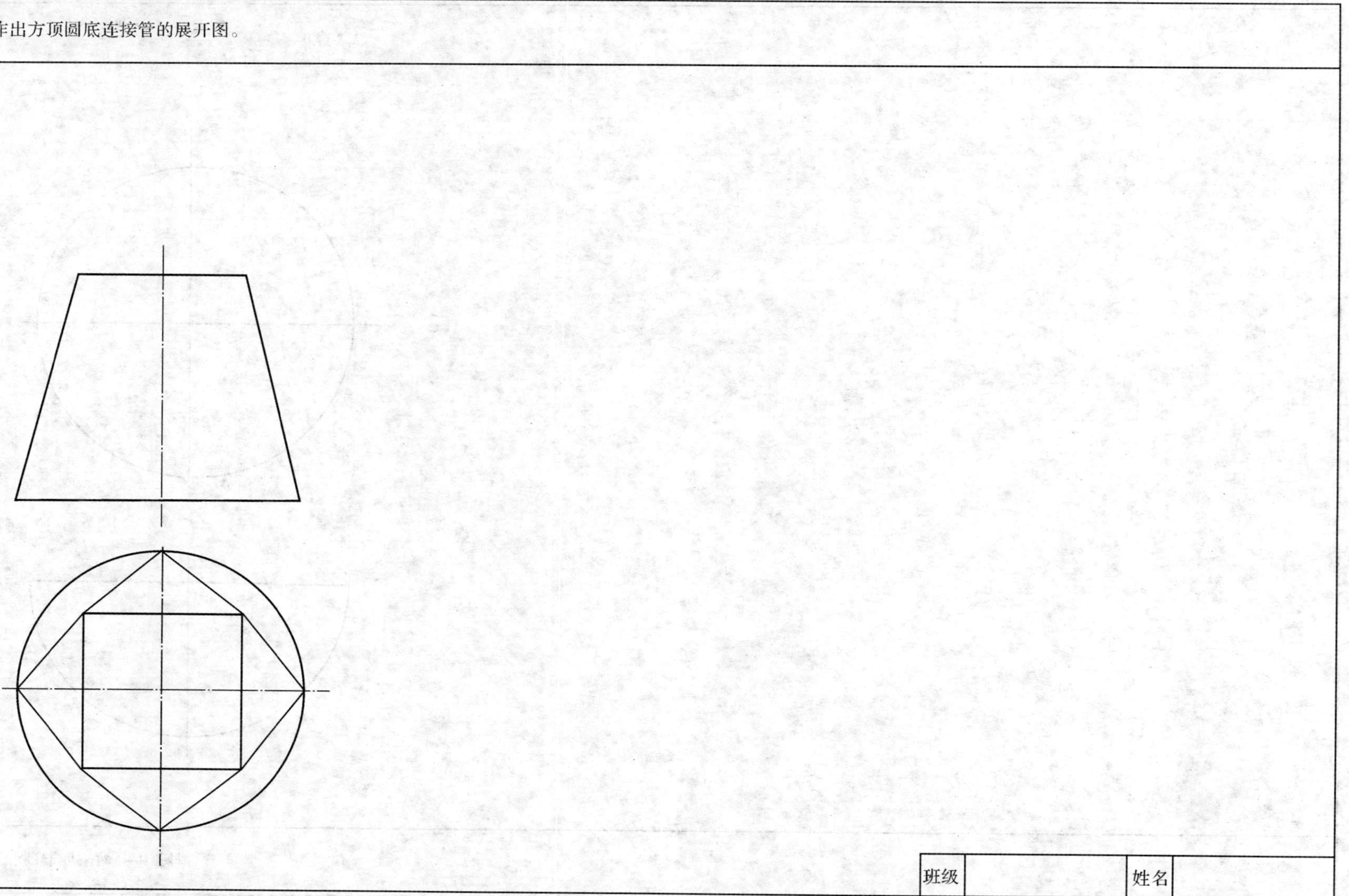

班级		姓名	

用近似柱面法展开半球体。

1.看懂下列焊接图及焊缝符号的标注，并回答问题。

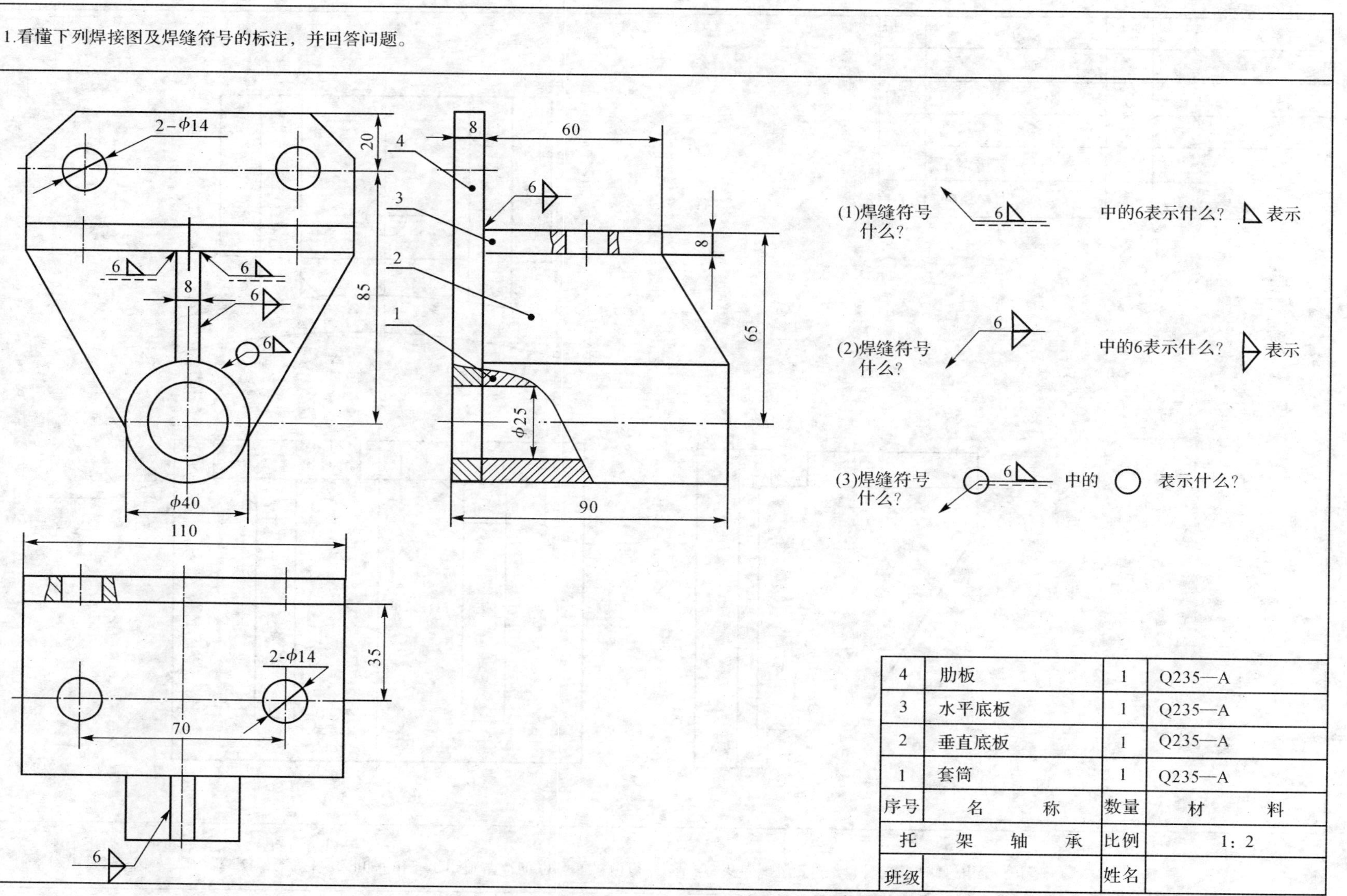

4	肋板	1	Q235—A
3	水平底板	1	Q235—A
2	垂直底板	1	Q235—A
1	套筒	1	Q235—A
序号	名　　称	数量	材　　料
托　架　轴　承		比例	1：2
班级		姓名	

2.在支座上标注焊缝符号：底板1与支撑板2之间采用手工电弧焊双面角焊缝，焊角高度K为8mm，侧板3与支撑板2之间也采用手工电弧焊，四周围都是角焊缝，焊角高度K为6mm。

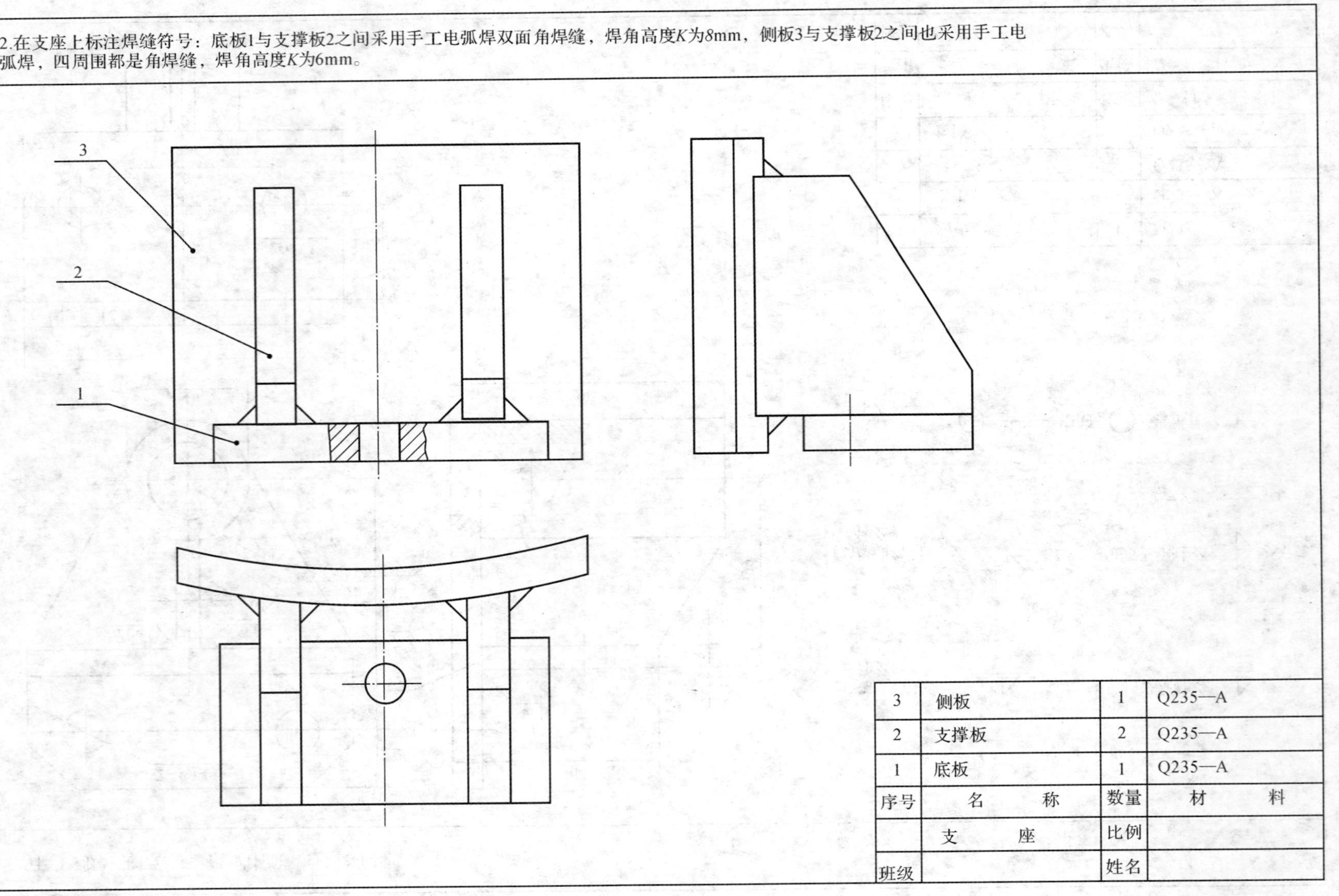

3	侧板	1	Q235—A
2	支撑板	2	Q235—A
1	底板	1	Q235—A
序号	名　称	数量	材　料
	支　座	比例	
班级		姓名	

1.调用教材第12章中基本图形元素的子程序，编写绘制下列图形的源程度，并在计算机上实现(图中尺寸不标注)。

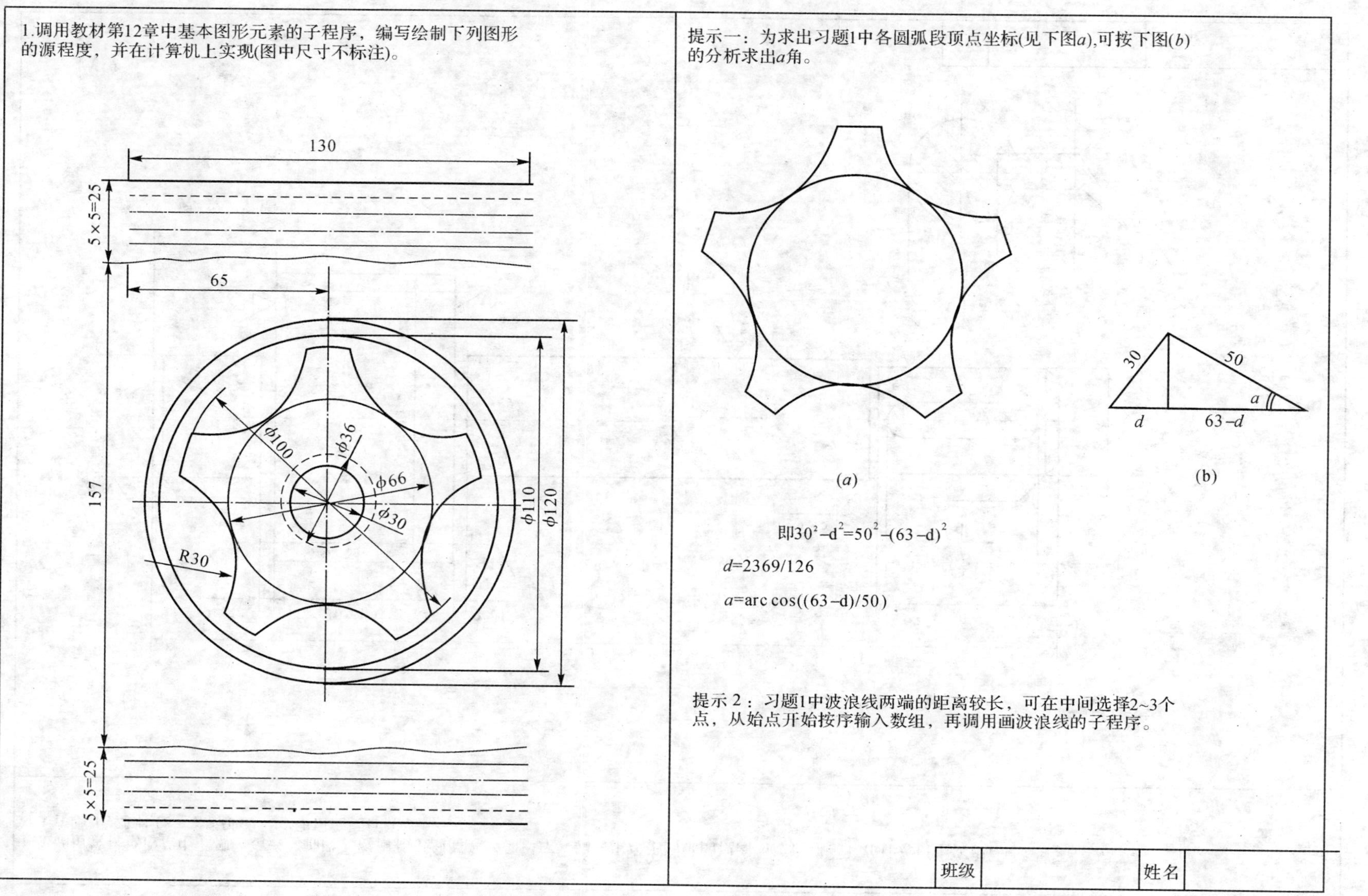

提示一：为求出习题1中各圆弧段顶点坐标(见下图*a*),可按下图(*b*)的分析求出*a*角。

(*a*)

(b)

即$30^2-d^2=50^2-(63-d)^2$

$d=2369/126$

$a=\arccos((63-d)/50)$

提示 2：习题1中波浪线两端的距离较长，可在中间选择2~3个点，从始点开始按序输入数组，再调用画波浪线的子程序。

班级		姓名	

2.调用教材第12章中键槽、矩形、轴段、键槽移出剖面等诸子程序，编写生成下列轴的视图的源程序，并在计算机上实现。
3.在题2的基础上，完成轴的尺寸和粗糙度标注。

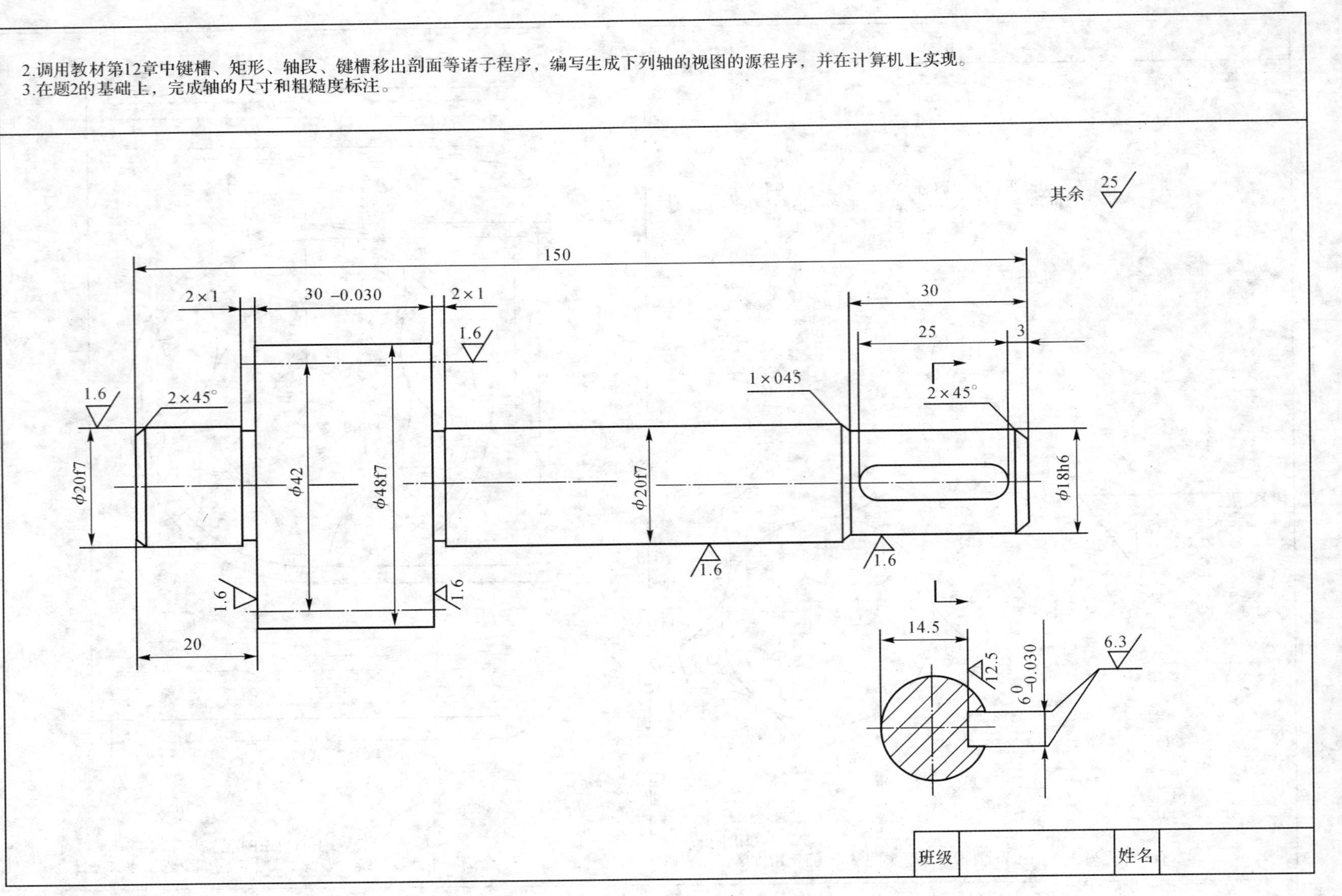

4.调用教材第12章的子程序，编写下列组合合体的视图及尺寸标注等的源程序，并在计算机上实现。

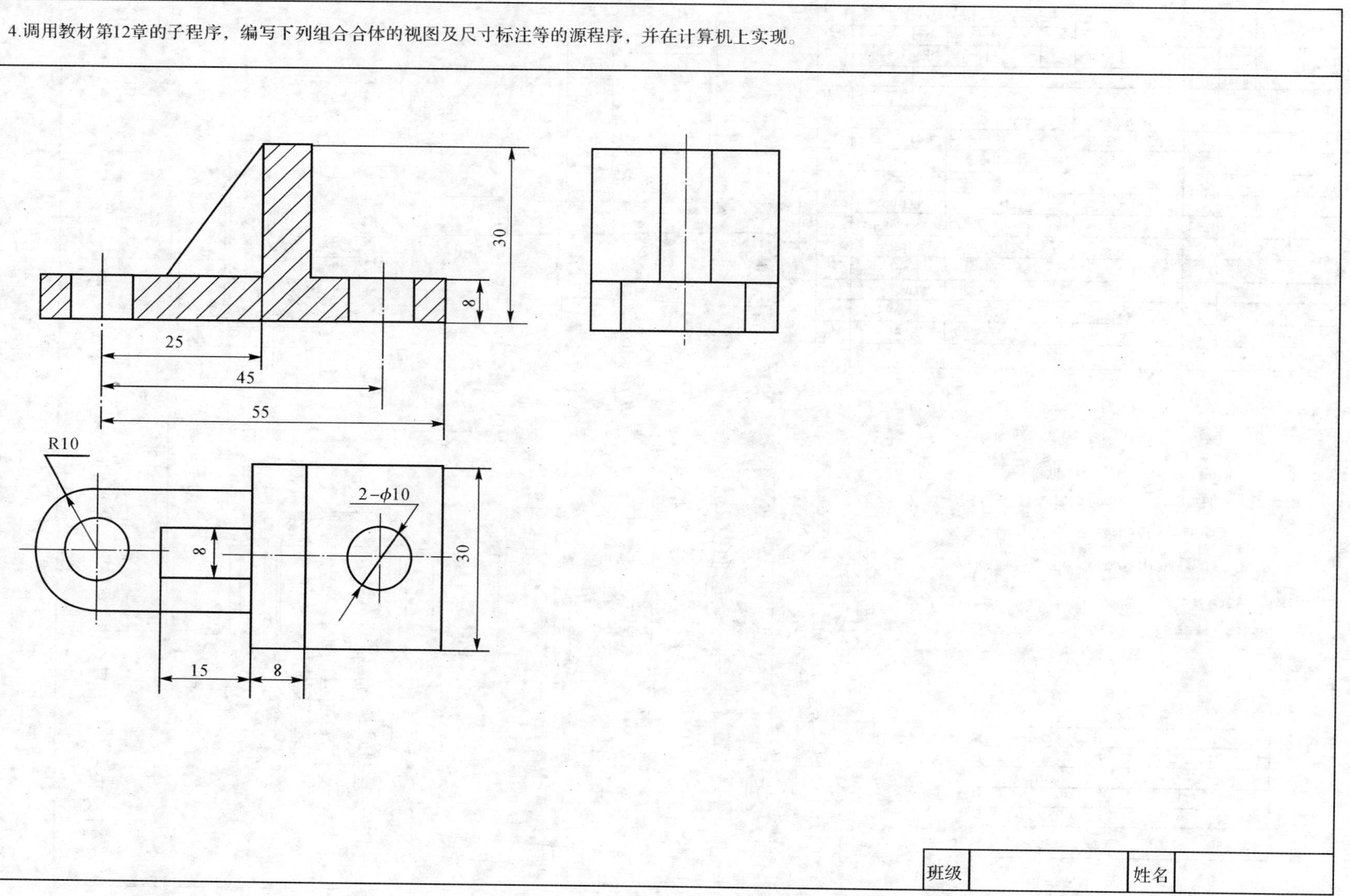

班级　　姓名

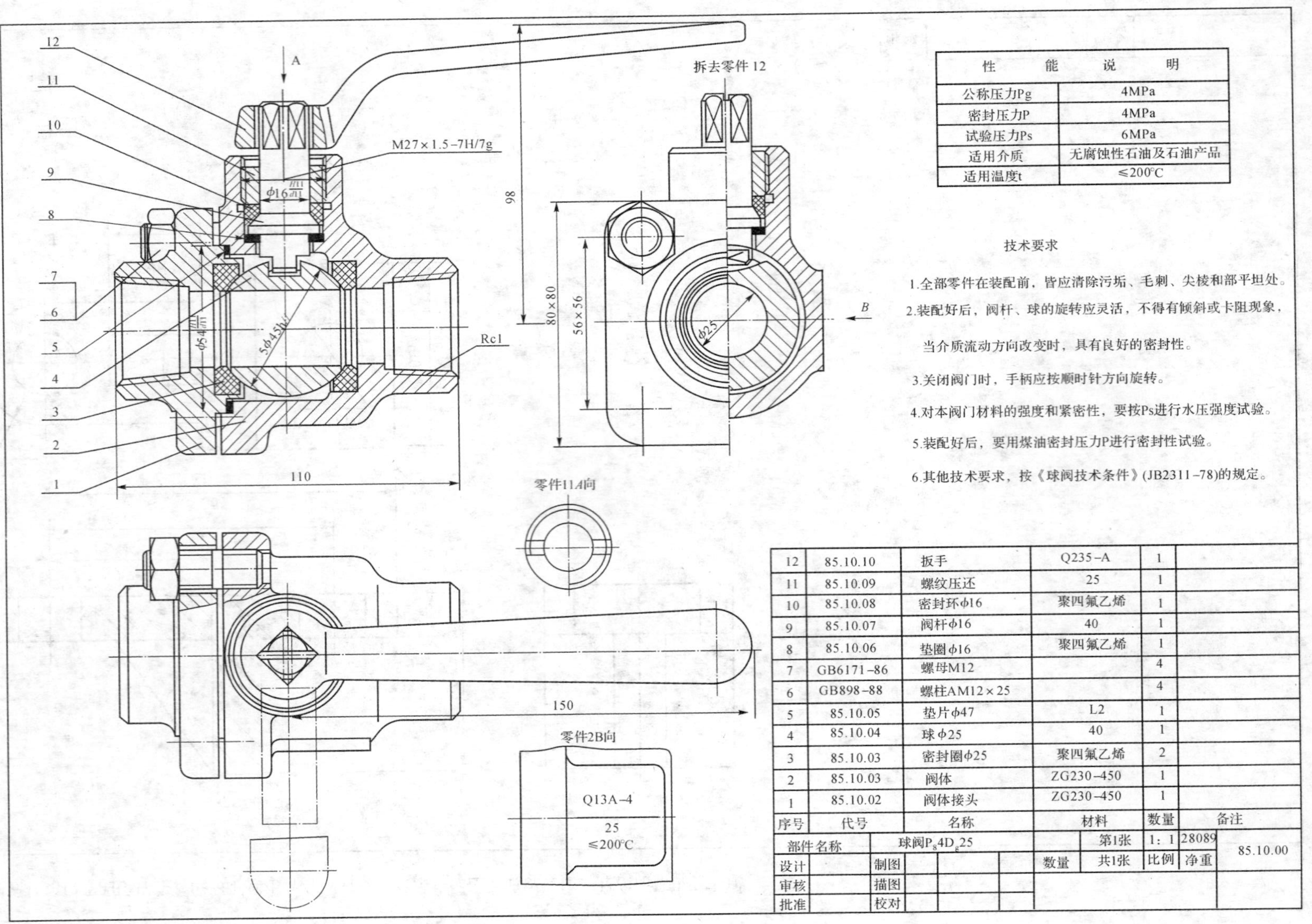

性能	说明
公称压力Pg	4MPa
密封压力P	4MPa
试验压力Ps	6MPa
适用介质	无腐蚀性石油及石油产品
适用温度t	≤200℃

技术要求

1.全部零件在装配前，皆应清除污垢、毛刺、尖棱和部平坦处。

2.装配好后，阀杆、球的旋转应灵活，不得有倾斜或卡阻现象，当介质流动方向改变时，具有良好的密封性。

3.关闭阀门时，手柄应按顺时针方向旋转。

4.对本阀门材料的强度和紧密性，要按Ps进行水压强度试验。

5.装配好后，要用煤油密封压力P进行密封性试验。

6.其他技术要求，按《球阀技术条件》(JB2311-78)的规定。

序号	代号	名称	材料	数量	备注
12	85.10.10	扳手	Q235-A	1	
11	85.10.09	螺纹压还	25	1	
10	85.10.08	密封环φ16	聚四氟乙烯	1	
9	85.10.07	阀杆φ16	40	1	
8	85.10.06	垫圈φ16	聚四氟乙烯	1	
7	GB6171-86	螺母M12		4	
6	GB898-88	螺柱AM12×25		4	
5	85.10.05	垫片φ47	L2	1	
4	85.10.04	球φ25	40	1	
3	85.10.03	密封圈φ25	聚四氟乙烯	2	
2	85.10.03	阀体	ZG230-450	1	
1	85.10.02	阀体接头	ZG230-450	1	

部件名称	球阀P_g4D_g25		第1张	1：1	28089	85.10.00
设计	制图		数量	共1张	比例	净重
审核	描图					
批准	校对					

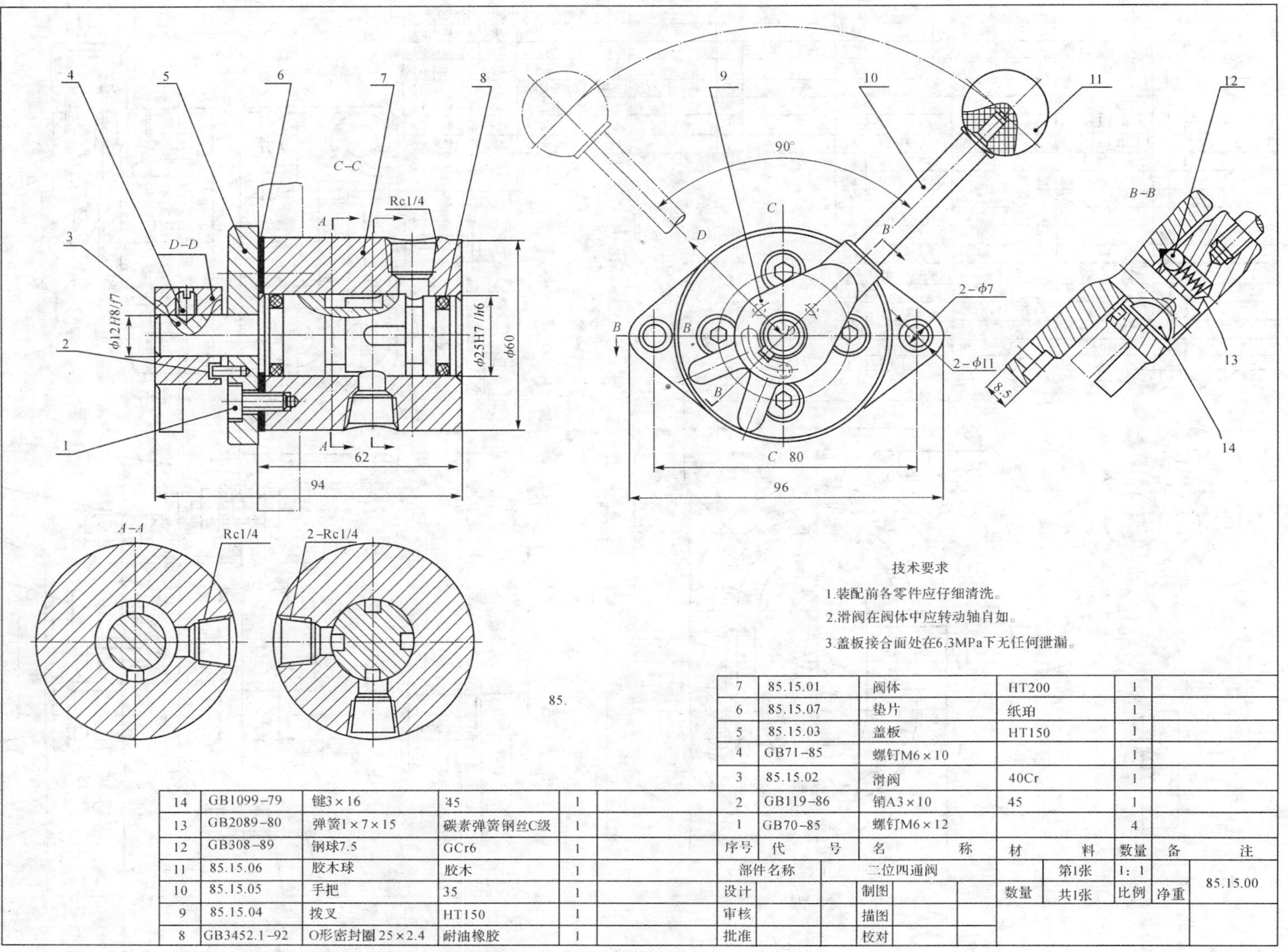

技术要求

1.装配前各零件应仔细清洗。

2.滑阀在阀体中应转动轴自如。

3.盖板接合面处在6.3MPa下无任何泄漏。

序号	代号	名称	材料	数量	备注
14	GB1099–79	键3×16	45	1	
13	GB2089–80	弹簧1×7×15	碳素弹簧钢丝C级	1	
12	GB308–89	钢球7.5	GCr6	1	
11	85.15.06	胶木球	胶木	1	
10	85.15.05	手把	35	1	
9	85.15.04	拨叉	HT150	1	
8	GB3452.1–92	O形密封圈25×2.4	耐油橡胶	1	
7	85.15.01	阀体	HT200	1	
6	85.15.07	垫片	纸珀	1	
5	85.15.03	盖板	HT150	1	
4	GB71–85	螺钉M6×10		1	
3	85.15.02	滑阀	40Cr	1	
2	GB119–86	销A3×10	45	1	
1	GB70–85	螺钉M6×12		4	

部件名称		二位四通阀			第1张	1:1		85.15.00
设计		制图		数量	共1张	比例	净重	
审核		描图						
批准		校对						

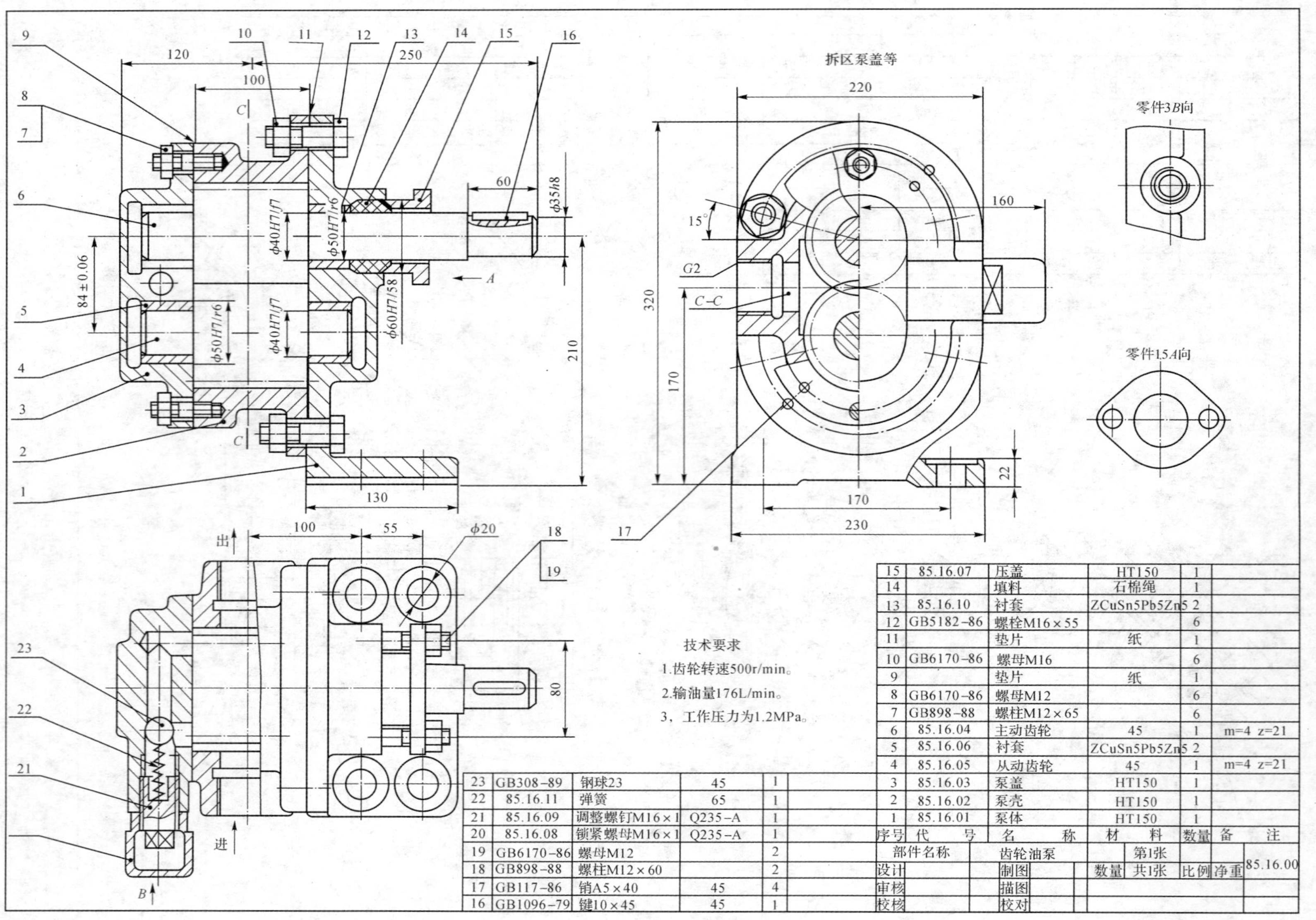

技术要求

1.齿轮转速500r/min。

2.输油量176L/min。

3，工作压力为1.2MPa。

序号	代号	名称	材料	数量	备注
23	GB308–89	钢球23	45	1	
22	85.16.11	弹簧	65	1	
21	85.16.09	调整螺钉M16×1	Q235–A	1	
20	85.16.08	锁紧螺母M16×1	Q235–A	1	
19	GB6170–86	螺母M12		2	
18	GB898–88	螺柱M12×60		2	
17	GB117–86	销A5×40	45	4	
16	GB1096–79	键10×45	45	1	
15	85.16.07	压盖	HT150	1	
14		填料	石棉绳	1	
13	85.16.10	衬套	ZCuSn5Pb5Zn5	2	
12	GB5182–86	螺栓M16×55		6	
11		垫片	纸	1	
10	GB6170–86	螺母M16		6	
9		垫片	纸	1	
8	GB6170–86	螺母M12		6	
7	GB898–88	螺柱M12×65		6	
6	85.16.04	主动齿轮	45	1	m=4 z=21
5	85.16.06	衬套	ZCuSn5Pb5Zn5	2	
4	85.16.05	从动齿轮	45	1	m=4 z=21
3	85.16.03	泵盖	HT150	1	
2	85.16.02	泵壳	HT150	1	
1	85.16.01	泵体	HT150	1	

部件名称		齿轮油泵		第1张			85.16.00
设计		制图		数量	共1张	比例	净重
审核		描图					
校核		校对					

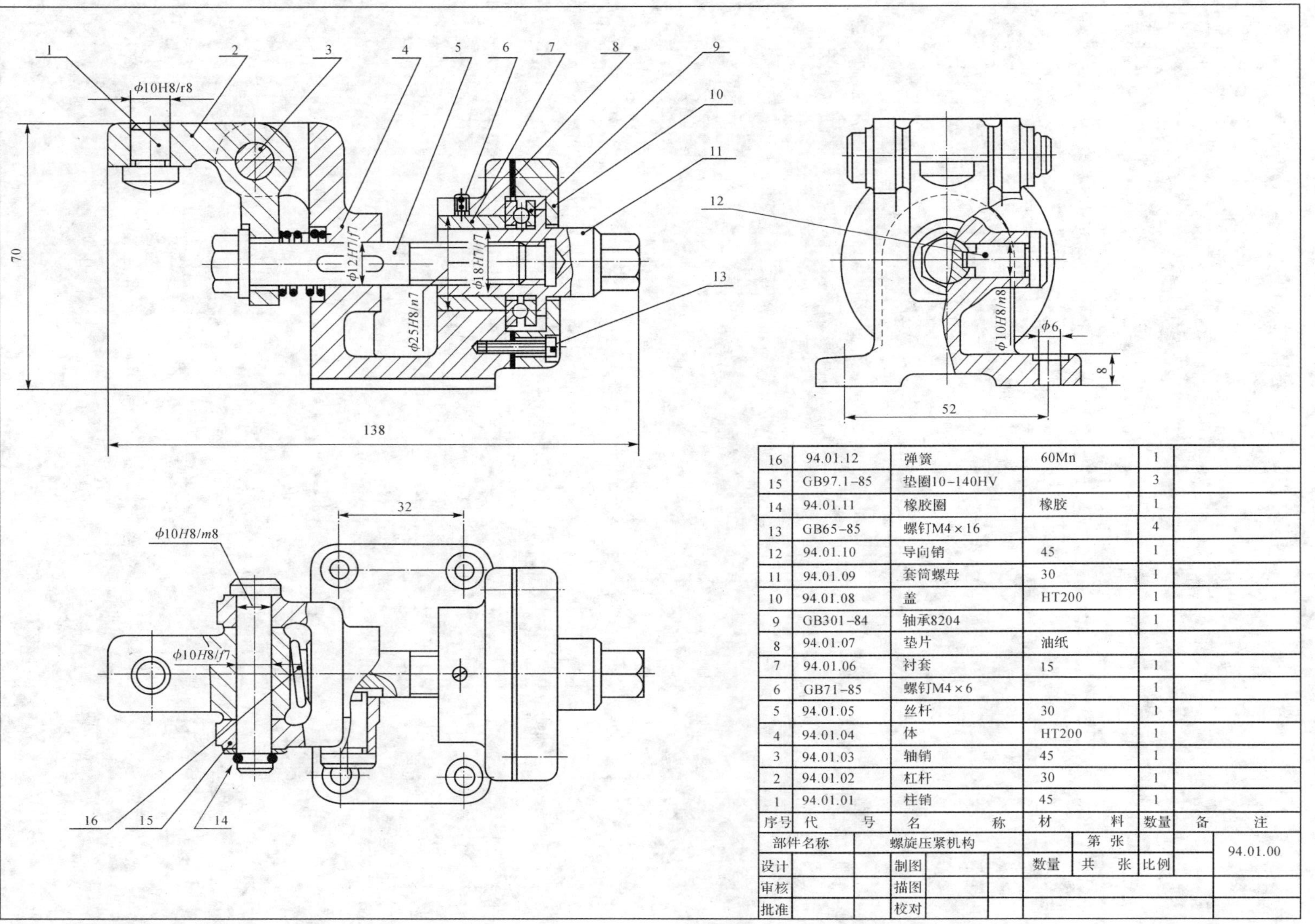

序号	代号	名称	材料	数量	备注
16	94.01.12	弹簧	60Mn	1	
15	GB97.1–85	垫圈10–140HV		3	
14	94.01.11	橡胶圈	橡胶	1	
13	GB65–85	螺钉M4×16		4	
12	94.01.10	导向销	45	1	
11	94.01.09	套筒螺母	30	1	
10	94.01.08	盖	HT200	1	
9	GB301–84	轴承8204		1	
8	94.01.07	垫片	油纸		
7	94.01.06	衬套	15	1	
6	GB71–85	螺钉M4×6		1	
5	94.01.05	丝杆	30	1	
4	94.01.04	体	HT200	1	
3	94.01.03	轴销	45	1	
2	94.01.02	杠杆	30	1	
1	94.01.01	柱销	45	1	

部件名称	螺旋压紧机构			第 张		94.01.00
设计		制图	数量	共 张	比例	
审核		描图				
批准		校对